The Research was funded by the National Key R&D Program of China（No. 2019YFD1100805）

基金项目：国家重点研发计划村镇社区空间优化与布局研究项目（课题编号：2019YFD1100805）

数字化建筑环境行为
采集分析及应用

李　力　著

东南大学出版社
SOUTHEAST UNIVERSITY PRESS

·南京·

图书在版编目(CIP)数据

数字化建筑环境行为采集分析及应用／李力著. —
南京：东南大学出版社，2023.10
ISBN 978－7－5766－0608－9

Ⅰ. ①数… Ⅱ. ①李… Ⅲ. ①建筑工程—环境管理—
行为科学—数字化—研究 Ⅳ. ①TU-023

中国版本图书馆 CIP 数据核字(2022)第 255598 号

责任编辑：戴丽　魏晓平　责任校对：韩小亮　封面设计：李力　毕真　责任印制：周荣虎

数字化建筑环境行为采集分析及应用

Shuzihua Jianzhu Huanjing Xingwei Caiji Fenxi Ji Yingyong

著　　者：李力
出版发行：东南大学出版社
社　　址：南京四牌楼 2 号　邮编：210096　电话：025－83793330
网　　址：http://www.seupress.com
电子邮件：press@ seupress.com
经　　销：全国各地新华书店
印　　刷：广东虎彩云印刷有限公司
开　　本：700 mm×1 000 mm　1/16
印　　张：10.25
字　　数：220 千字
版　　次：2023 年 10 月第 1 版
印　　次：2023 年 10 月第 1 次印刷
书　　号：ISBN 978－7－5766－0608－9
定　　价：78.00 元

目录

第一章　建成环境行为采集分析背景意义 ………………………………… 1

1.1　数字化建成环境行为数据的定义 …………………………… 1

1.1.1　建成环境数据 ……………………………………… 1

1.1.2　用户行为 …………………………………………… 1

1.2　建成环境行为数据研究的意义 ……………………………… 2

1.2.1　建筑节能 ……………………………………………… 2

1.2.2　提升舒适性 …………………………………………… 3

1.2.3　提升安全性 …………………………………………… 4

1.3　基本技术流程 ………………………………………………… 4

1.3.1　数据采集 ……………………………………………… 4

1.3.2　数据预处理 …………………………………………… 5

1.3.3　数据统计 ……………………………………………… 6

1.3.4　数据可视化 …………………………………………… 7

1.3.5　知识发现 ……………………………………………… 7

第二章　数字化采集技术手段 ……………………………………………… 10

2.1　无线传感网络技术 …………………………………………… 10

2.2　超宽带室内定位 ……………………………………………… 10

2.2.1　UWB 特性 …………………………………………… 11

2.2.2　UWB 测距方式 ……………………………………… 11

2.2.3　UWB 定位与空间类型 ……………………………… 12

2.3　Wi-Fi 探针街区定位 ………………………………………… 14

2.3.1　Wi-Fi 探针的基本原理、优势及缺陷 ……………… 14

2.3.2　探针系统的架构及优化设计 ………………………… 15

2.4　虚拟漫游技术 ………………………………………………… 17

2.4.1　虚拟漫游技术的适用场景 …………………………… 17

2.4.2　虚拟漫游技术的获取方式和类型 …………………… 17

第三章　数据管理统计工具 ………………………………………………… 19

3.1　数据库基本概念 ……………………………………………… 19

3.2　数据存储形式 ··· 19
   3.2.1　MongoDB 简介 ·· 19
   3.2.2　数据库基础操作 ······································ 20
   3.2.3　数据处理-聚合操作 ·································· 21
   3.2.4　可视化工具 MongoDB Compass ················· 21
3.3　使用 Pandas 库进行数据处理 ······················ 22
   3.3.1　数据结构 ·· 22
   3.3.2　文件操作 ·· 25
   3.3.3　查看数据 ·· 26
   3.3.4　索引和选取数据 ······································ 27
   3.3.5　缺失值处理 ··· 34
   3.3.6　应用函数（apply） ································· 37
   3.3.7　合并 ··· 39
   3.3.8　聚合（group by） ································· 42
   3.3.9　时间数据的相关操作 ······························ 44
3.4　数据清理 ··· 45
   3.4.1　清理异常 MAC 地址 ······························ 45
   3.4.2　清理组播 MAC 地址和伪 MAC 地址 ········· 45
   3.4.3　清理带有 Wi-Fi 功能的智能家居等设备 ····· 46
   3.4.4　清理居家数据 ·· 47
   3.4.5　转换 RSSI 值 ·· 48

第四章　数据可视化 ··· 50
4.1　可视化工具 Matplotlib 简介 ························· 50
   4.1.1　安装和使用 ··· 50
   4.1.2　绘图接口 ·· 50
   4.1.3　基本绘图流程 ·· 51
   4.1.4　基础语法 ·· 54
   4.1.5　常用图表 ·· 55
   4.1.6　图像展示在 Web 页面 ···························· 59
4.2　时间维度 ··· 59
   4.2.1　各时点平均人数变化折线图 ····················· 59
   4.2.2　探针各时段数据量雷达图 ························ 65
4.3　空间维度 ··· 68
   4.3.1　各探针总数据量与 MAC 地址数统计图 ······ 68

4.3.2 各探针区域平均停留时长 ……………………………………… 71

4.4 行为轨迹 ………………………………………………………………… 75

4.4.1 逐日区分 MAC 地址 …………………………………………… 75

4.4.2 轨迹还原 ………………………………………………………… 76

4.4.3 基于 Matplotlib 的轨迹绘制 ………………………………… 79

4.4.4 叠合轨迹 ………………………………………………………… 90

4.4.5 轨迹热力图 ……………………………………………………… 95

第五章 数据挖掘算法 ………………………………………………………… 97

5.1 轨迹聚类算法 …………………………………………………………… 97

5.1.1 神经网络降维 …………………………………………………… 97

5.1.2 降维后数据聚类 ………………………………………………… 101

5.1.3 行动轨迹聚类及特征分析 ……………………………………… 104

5.2 序列模式挖掘 …………………………………………………………… 107

5.2.1 序列模式算法 …………………………………………………… 108

5.2.2 环境行为数据的转换 …………………………………………… 108

5.2.3 频繁片段的可视化 ……………………………………………… 110

第六章 环境行为研究案例 …………………………………………………… 112

6.1 室内无线传感网络 ……………………………………………………… 112

6.1.1 研究背景 ………………………………………………………… 112

6.1.2 系统构成介绍 …………………………………………………… 112

6.1.3 运行流程 ………………………………………………………… 115

6.1.4 应用测试 ………………………………………………………… 116

6.2 图书管阅览室 …………………………………………………………… 119

6.2.1 研究背景 ………………………………………………………… 119

6.2.2 数据采集环境与方法 …………………………………………… 119

6.2.3 数据可视化与统计分析 ………………………………………… 122

6.2.4 问题分析与设计优化 …………………………………………… 125

6.2.5 项目总结 ………………………………………………………… 126

6.3 西望村公共空间优化 …………………………………………………… 127

6.3.1 研究背景 ………………………………………………………… 127

6.3.2 Wi-Fi 探针定位技术 …………………………………………… 128

6.3.3 数据处理与分析 ………………………………………………… 128

6.3.4 公共空间优化策略 ……………………………………………… 131

6.3.5 项目总结 ………………………………………………………… 131

6.4 芳溪村公共空间优化 ·· 132
　　6.4.1 项目背景 ··· 132
　　6.4.2 研究方法 ··· 133
　　6.4.3 数据分析 ··· 134
　　6.4.4 公共空间优化策略 ······································ 137
　　6.4.5 项目总结 ··· 138
6.5 马台街城市设计方案优化 ·· 138
　　6.5.1 项目背景 ··· 138
　　6.5.2 基于 VR 的数据采集系统 ································· 139
　　6.5.3 数据分析结论 ··· 141
　　6.5.4 项目总结 ··· 142
6.6 大仓村公共空间优化设计 ·· 142
　　6.6.1 项目背景 ··· 142
　　6.6.2 数据采集 ··· 144
　　6.6.3 数据分析 ··· 145
　　6.6.4 数据分析结论 ··· 148
　　6.6.5 项目总结 ··· 149

参考文献 ··· 152

致谢 ··· 155

第一章
建成环境行为采集分析背景意义

1.1　数字化建成环境行为数据的定义

建成环境行为研究主要探讨建成环境与人的行为之间的相互作用关系。早前的研究主要基于环境行为心理学及社会学领域的研究结论来分析空间和行为[1]。原始数据的获取多依赖访谈、问卷、田野调查等人工采集的方式，数据量与种类受到人力与经费的限制，难以保证数据的客观性和准确性，限制了该学科领域的发展。

得益于近年来无线传感网络、嵌入式芯片、可穿戴设备及高精度室内定位技术的发展，数字化工具越来越多地被应用在建成环境行为数据采集过程中，大大提升了数据量与数据的可靠性，有效弥补了人工采集方法的不足。在数据愈发丰富的同时，与之相对应的数据分析方法的研究也逐步推进。除了传统的统计学方法，大规模数据的可视化以及机器学习算法的引入，为环境行为的研究提供了更多可量化的分析手段。数字化建成环境行为采集分析方法，将推动该领域的研究进入一个新阶段。

1.1.1　建成环境数据

建成环境数据具体可分为背景信息数据和运行数据两大部分。背景信息数据可分为建筑信息（如建筑区位、内部空间功能构成、结构构造性能、设备组成等）和人员信息（如职业、年龄、性别等）。建筑运行数据指建筑使用过程中产生的数据，可分进一步分为四类：空间环境数据、设备状态数据、用户行为数据以及能耗数据。空间环境数据包括光照强度、温湿度、噪声强度等内部物理信息，以及建筑所处的外部微气候环境。设备状态数据包括设备的开关、工作强度、门窗的开合等。能耗数据，如用电、用水、用气等。用户行为数据建成环境数据种类多，数据类型复杂，时空颗粒度差异大，还要考虑是否有适用的、低成本的数据采集传感技术作为数据获取的手段。

1.1.2　用户行为

用户行为（Occupant Behavior）根据语境的不同，也被翻译为人行为、人员行为、住户行为，包括分布、流动及对各种电器、建筑设施的控制。用户行为可分为位置信息、控制信息、生理反应及心理反应。位置信息指人员对于建筑空间的占用情况，如用户的空间分布、流线，不同空间中的人员数量等；控制信息指人员对于建筑中设备的调整设定行为，如开关电灯、暖气、水龙头、门窗或遮阳器具；生理反应指用户的个体生理需求和反应，如睡觉、进食、出汗、心率等；心理反应指在空间中的心理感受，如平静、焦虑、不安等。

建筑领域的人行为研究尺度多偏于城市、社区层面，这一尺度的研究数据相对比较好获取，数据量大，比较容易获取具有统计学意义的结论[2]。例如，用户行为与能耗的关系的研究[3]，老年人群的特殊空间行为特征研究[4]。

1.2　建成环境行为数据研究的意义

建筑领域的大部分研究，不论是对于风格、思潮，还是对于建筑物理、建筑技术的讨论，主要还是针对建筑本体。对于建筑的使用者，尤其是使用者与空间环境之间的互动关系的研究相对薄弱。相对于设计和建造过程，对使用过程的研究尚未得到足够的重视。随着生活品质的提高，人们对于室内环境舒适度的要求也在不断提升。同时，随着新的建筑材料和更先进的建筑设备的研究的长足的发展，通过物理和设备手段带来节能效果的边际效应逐渐降低，相反通过使用方式的优化带来的效能的提高有待进一步的发掘。而这些方面的推进依赖于建成环境行为领域更为深入的研究。

1.2.1　建筑节能

建筑能耗不仅与建造技术、建筑设备、自然环境、经济条件有关，还与实际使用行为相关。据 2014 年的报道，在 23 000 个具有 LEED 新建筑评分体系认证的建筑中，仅有 55 个使用了 LEED 的现有建筑运营维护认证系统。究其原因是目前的建筑节能减排技术多专注于建筑物理节能性能的提高，却忽视了其在实际使用过程中是否被正确使用并发挥效能。研究表明，与建筑使用者相关的需求影响因素能导致约 5~10 倍的建筑能耗差异[5]，如由于不当操作引起的电器设备的耗电及不良的功能分区导致部分办公建筑在下班以后的能耗反而超过了工作时间[6]。用户行为在主导建筑使用方式的同时，还从另外两个方面影响建筑耗能：一方面，它是建筑师进行空间功能设计的前提和依据，决定了建筑设计的合理性；另一方面，对于用户行为的了解程度会影响到建筑自动控制系统的智能化程度，影响建筑的运营管理效率（图 1.2.1）。因此，要真正实现全生命周期的建筑节能减排，首先要对用户行为有更清晰的认识。

一方面，随着信息技术及普适计算（Ubiquitous Computing）的发展，诸如无线传感网络（Wireless Sensor Networks）、室内定位系统（Indoor Positioning System）等技术日趋成熟，为数据采集提供了便利的技术条件。另一方面，人工智能领域在近几年的迅

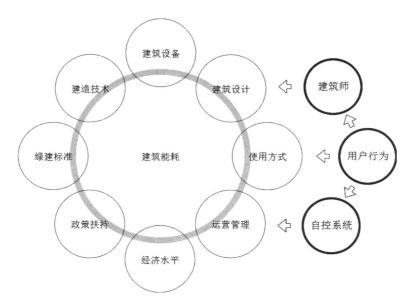

图 1.2.1　用户行为对建筑能耗的影响

猛发展，也为数据意义的深度解读提供了可能。这两方面技术均在用户行为模式分析方面有着巨大的应用潜力。然而，新技术如何因地制宜地应用于建筑领域，行为模式如何作用于建筑设计等问题，由于跨学科的特质，需要在原本的学科框架基础上进行梳理、筛选与适用性改造。

在较早的用户行为研究中，通常选取单一变量来进行研究，研究方法以调查、统计与节能软件模拟计算为主。例如用户控制门窗及照明等行为、不同气候带的居民的空调使用习惯、相同气候带中不同类型的人群与建筑能耗的关系[7-9]。逐步地，有更多的影响因素及用户行为类型被作为研究对象。例如对于用户位移、在场数据与建筑能耗关系的研究[10]，对于用户采暖行为驱动因素的研究[11]，用户对遮阳系统操控与办公建筑能耗的关系[12]，基于用户行为模式优化照明系统耗能[13]，以及尝试综合多种用户行为的研究[14-15]。随着数据种类的增多，部分研究者尝试开始建立用户行为研究的知识体系，以便结构化地研究表述用户行为[16-17]。

1.2.2　提升舒适性

近年来随着智能设备的兴起，智能建筑（Smart Building）和智能住宅（Smart Home）的研究兴趣和市场也逐渐打开[18]。小米、阿里、百度等智能或互联网公司也纷纷推出智能家居设备。相对于 20 世纪中叶建筑自动化系统的研究，智能建筑更注重所有室内设备家电的互联互通，从而实现远程控制、场景切换和数据记录。在此基础上，IBM 又提出了认知建筑（Cognitive Construction）的概念，它指的是建筑可以在响应使用者需求变化的同时降低能耗[19]。这样的系统的核心是一个具有情境感知（Context Aware）能力的控制算法。系统不仅能根据现有的数据分析和理解用户当前的需求[20]，还能预测室内环境的变化、能量的流向，根据用户的行为做出相应的预判。情境感知功能的实现多依赖于机器学习算法，分别有研究者通过人工神经网络[21-22]、贝叶斯网络[23]、序列模式[24]、决策树[25]等算法来进行相关的实验研究。随着嵌入式开发平台，如 Arduino、Raspberry Pi、Jetson Nano 等的成熟及相关传感器软硬件封装程度的提高，嵌入式开发的难度大大降低，非专业的研究者经过短暂的培训也可以进行嵌入式系统的开发。建筑领域的研究者开始进入智能建筑领域，从建筑的角度来探讨物联网、嵌入式系统及人工智能给设计带来的改变，这样设计出来的建筑称为互动建筑（Interactive Architecture）[26]。世界各大建筑院校都开设了相关的研究方向或是课程教学。例如，麻省理工学院的 MediaLab、代尔夫特理工大学的 HRG 研究组、清华大学[27]、东南大学[28]、同济大学[29]、中国矿业大学[30]、华南理工大学[31]。互动建筑主要关注的对象有互动建筑立面[32]、交互媒体[33]等。互动建筑的研究更关注智能控制系统与建筑本体的深度集成，使之成为建筑形式表达和空间感受的一部分，而不只是建筑的附加设备。

1.2.3　提升安全性

逐渐普及的可穿戴设备除了可以记录日常的生理指标外，也可以通过内置的加速度传感器对日常行为动作进行识别，比如走动、跑步、坐下、躺卧，也可监测到跌倒、坠落等具有潜在危险性的行为，确保老人、儿童在意外发生后能够得到及时的救治。此外，通过对于长期行为数据的记录和分析可以对反常行为进行识别和预警，防止事态进一步恶化。通过设置电子围栏，可以对人员活动范围进行限制，防止人员进入危险或者无权限的区域。在发出火灾、地震等突发灾害时，可通过信息发布帮助提前疏散人群。

1.3　基本技术流程

1.3.1　数据采集

以往的数据采集多依赖问卷或入户调查，难以保证数据的客观性和准确性。调研对象的个人隐私问题、调研所需的人力财力的要求均限制了可以获取数据的种类及数量。借助新的技术手段，则可以大大拓展数据的种类、数量与监测时长。

由无线传感网络及室内定位技术所推动的室内空间感知（Indoor Spatial Awareness）技术[34]的发展带来了更便捷的观测方法。无线传感网络将低功率无线信号通过微型传感器连接起来进行短距离通信，如 ZigBee[35]、Z-wave、蓝牙、Wi-Fi 等，并将数据传输到一个终端设备上进行储存或通过互联网上传。相比传统的数据采集方式，它有体积小、可拓展、低功耗等优势，可以被方便地植入现有的建成环境中去，无需人员在场维护，将对观测环境和人员对象的影响降至最小，提高了数据的真实性。根据搭载的传感器的不同，传感网络可用来监测各种室内参数及建筑构件、设备的运行状态，丰富了可观测数据的种类。可通过无线传感模块，对光照、温度、湿度、噪声、空气质量、门窗开关、用水、设备的使用和设备能耗进行全面的感知[36]。室外环境可通过微型气象站对环境气象数据进行实时观测。无线传感网络的使用使得监测的时间和空间颗粒度都大幅提升，提高了数据的精度和有效性。

行为数据的来源有基于高精度定位设备的轨迹数据与室内设备的使用数据记录。通过对于这两种数据的语义分析及模式识别来还原实际的日常行为。人在室内的分布状态则依赖室内定位技术。室内定位技术是近几年随着无线传感网络技术的兴起而逐步成熟的，例如，清华大学黄蔚欣教授利用 Wi-Fi 定位技术监测的人流信息，研究了某度假村游客的行为模式[37]。目前常见的有基于 Wi-Fi、蓝牙、iBeacon、RFID、UWB 等无线通信方式的。其中，超宽带（Ultra-wideband，UWB）无线定位达到了亚米级的精度[38]，已满足建筑尺度研究的精度需求。基于 UWB 的不同定位方式和系统架构被相继被开发出来，并在实验环境中得到了验证，例如在商场[39] 和住宅[40] 中。但是由于室内环境的复杂性和私密性问题，目前还没有普适性较好的行为监控系统，要根据实际需求在 UWB、Wi-Fi[41]、蓝牙、摄像头等不同的方式中进行选择，并通过算法优化来提高识别的精确性[42]。

用户个人的生理信息的收集可通过可穿戴设备如智能手环、手表等设备来实现，目前相关技术已经成熟，且有很多完善的产品可供选择，可收集体表温度、心跳、血氧含量、动静状态等信息[43]。能耗数据可直接通过抄表数据来获取。目前，还比较难采集的是用户心理数据，虽然有部分的脑电波传感器可根据脑部兴奋区域来推测人的情感，但是相关技术的稳定性还达不到实际应用的要求，因此还是需要通过问卷或用户主动上报来实现。

1.3.2　数据预处理

由于采集的数据种类繁多，数据类型、格式、时间空间颗粒度都有所不同，因此需要将数据进行格式化处理，以方便后续数据的存取及同行间的交流。同时，数据也要经过转换之后才能满足不同数据处理工具对输入数据格式的要求。大部分的数据挖掘算法对输入的数据类型有明确的要求，如序列模式挖掘算法只能处理符号类型数据，而大部分神经网络算法更适合数值类型的数据。

元数据（Metadata）指用于描述数据的数据，例如数据表格的名称、列名、数据类型等信息。需要从所有可获取的数据中提取元数据，建立物理元数据、数据源元数据、存储元数据、计算元数据等不同层面的元数据，方便对于数据有组织的管理及使用。

数据的组织框架可依据用户行为的知识本体（Ontology）来建立，知识本体即对概念体系的明确的、形式化的、可共享的规范。目前，研究领域还没有建立统一的知识本体，多数研究只是根据自身研究需求来组织。相对来说，用户行为研究领域比较全面的描述框架是 DNA 框架，即"驱动-需求-行动"（Drives，Needs，Actions）框架。"驱动"指用户行为的外部成因，如光、声、热环境及气候因素、时间因素等。"需求"指内部成因，包括心理及生理上的各种需求。"行为"指由驱动和需求导致的具体行动，如人员位置的改变和对建筑设备的操作等。研究者在此基础上建立了 DNAS（Drivers，Needs，Actions and Systems）框架，用以标准化描述建筑用户行为，同时还提供了基于 XML 标记型语言的 ObXml（occupant behavior XML）文档结构，可供计算机读写。

采集的数据类型最终可以被归为两大类：数值型（Numerical）与类别型（Categorical）。数值型可以是温湿度、用户的坐标位置等定量的数据；类别型也被称为符号的（Symbolic）、名称的（Nominal）数据，例如门窗、照明的开关状态，不同房间的功能类型等。

此部分工作虽不直接产生知识信息，却是整个数据挖掘过程中不可忽缺的重要环节，在实际操作中需要投入大量的工作。

1.3.3 数据统计

统计分析指利用数学统计方法对采样数据加以分析，例如描述性统计中的频数分布、集中趋势等计算方法；预测性统计中的回归分析等方法。统计分析有利于整体反映和分析对象的数量特征、分布特征以及不同特征之间的相关程度等信息。相比于可视化，它更利于定量化的研究。例如，在居住环境中用户行为分析研究中[44]，对房门开关时间进行了长期观测并对不同时段的频数分布进行了统计（图1.3.1），在此基础上进行了聚类分析。在另一个例子中，比较超市中顾客的分布数量与空间句法中的 gate count 算法结果（图1.3.2），通过回归分析来检验该指标是否能反映人在空间中的分布规律[45]。

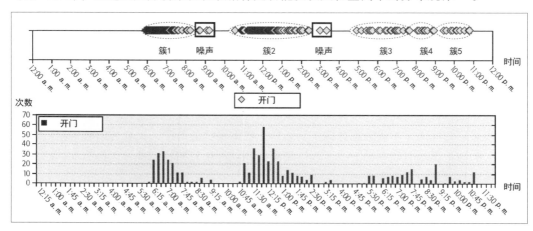

图 1.3.1　不同时段房门开关的频次统计

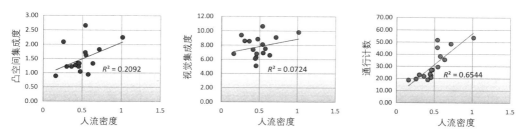

图 1.3.2　gate count 算法结果与人群分布数据的回归分析

　　然而，数据统计方法对样本数据的准确性要求较高，当数据中有大量噪声或者存在的模式很稀疏时，统计方法的准确性会受到很大的影响。

1.3.4　数据可视化

　　数据可视化即将数据中的单一或组合信息以概要性的图像表现出来。数据可视化可以为研究者提较为直观的认识，有助于建立对于数据特性的感性的认识。用户行为中一部分的模式规律在可视化过程中就可以被发现提取。例如，图 1.3.3 为根据某展厅人流定位数据所做的可视化分析，图 1.3.3（c）为人员时空分布的热力图，图 1.3.3（b）为人员移动轨迹分布图，图 1.3.3（a）为人员移动速度的分布图。根据这些可视化图表，人员在展厅内的分布规律、各个展品对参观者的吸引程度、不同展品的观察方式(驻足观看或者边走边看）等信息一目了然。

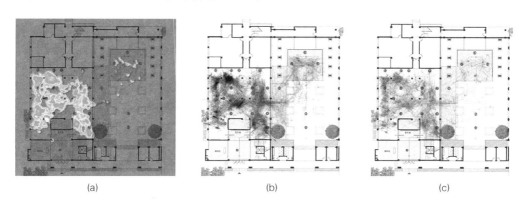

图 1.3.3　使用 UWB 定位系统采集的用户室内分布信息

1.3.5　知识发现

　　模式发现是数据挖掘研究的一个分支，多通过非监督式学习方法，利用相关算法在数据库中发现非预期但有价值的规律模式。相比于统计方法，它更适合在充满噪声且规律模式稀疏的数据环境中使用，这也是现实环境中采集用户行为数据的一个显著特征。

相比于其他数据挖掘算法，非监督式的学习不需要在现实环境中很难获取的带标签的训练数据。模式发现算法多种多样，常见的有序列模式挖掘、关联规则挖掘、聚类算法以及某些神经网络算法等。每种算法都有其适用范围和局限性，在挖掘某种用户行为模式前先要进行相应的调整和数据的预处理。例如，在居住环境中用户行为模式研究中，通过使用改进后的序列模式挖掘算法，发现了住户日常行为中的一些高频发生的行为序列（图1.3.4）。序列模式挖掘算法只能接受符号型数据，部分用户行为信息，如门窗开关等可直接符号化，而像温度变化、时间戳等连续数值信息很难直接用少量符号表示。因此，研究过程中首先对数值信息进行统计性分析，随后通过聚类算法将数值信息转化成少数几个数值区间，再用标签表示[44]。在另外一项研究中，尝试对展览环境中的参观者流线进行聚类研究，尝试发现参观流线中的模式。由于实际采集到的定位数据中含有大量的噪声数据，传统的轨迹比较方法计算量过大且不能得到理想的结果。因此尝试使用自编码（Auto-encoder）神经网络算法对轨迹数据进行降维操作，自动过滤掉大部分的噪声数据而仅保留占主导地位的特征（图1.3.5）。通过比较压缩后的特征向量来计算不同轨迹间的近似程度。在此基础上使用K-means聚类算法来对特征向量行进聚类操作，从而实现对于原始轨迹的聚类分析。

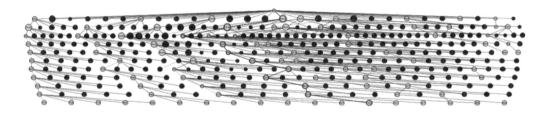

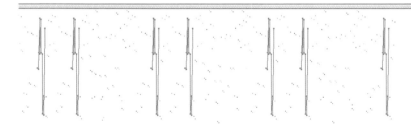

图1.3.4 通过频繁序列模式挖掘算法发现的用户行为模式

距离:　　　　　　1.307　　　　　1.433　　　　　1.820　　　　　1.909　　　　　2.070

图1.3.5 通过自编码神经网络算法在用户移动轨迹数据库中发现的相似轨迹

建筑用户行为知识发现的目的是发现数据中的规律模式，从而建立预测模型，用以优化建筑设计与建筑的实际运营效果。建筑用户行为观测的技术手段正在日趋成熟，数据的来源不再是研究的壁垒。相对而言，如何建立建筑用户行为的知识本体，如何建立系统性的知识发现的研究方法和框架是亟待解决的问题。

第二章
数字化采集技术手段

2.1　无线传感网络技术

随着计算机、互联网和普适计算技术的发展，数据采集、存储和计算的技术难度和成本日益降低。使用这些技术，研究人员可以从自然环境中获得大量可用于分析的数据。通过数据挖掘和建立数据之间的关联，研究者可以对研究对象进行相应的分析和预测。用大数据代替原有的抽样调查模式，寻找事件之间的因果关系及数据之间的相关性，研究人员能够做出更容易的预测，并找出事件之间的潜在相关性。

由于数据需求的增加，无线传感器网络作为数据采集工具得到了越来越广泛的应用。无线传感器网络是指通过无线介质连接的分布式传感器。由于单个无线收发器的传输距离有限，信息传输通常通过多跳的方式实现。与传统的有线网络相比，无线传感器网络具有更好的灵活性和可扩展性。该网络最初应用于军事领域，特别是战场监控，现已逐步应用于森林、厂区、室内环境监测。

对于建筑室内环境的监测，公共建筑领域已经形成了比较成熟的楼宇自控系统，而住宅建筑还处于试验阶段。除了隐私原因外，技术方面还涉及以下几个因素：首先，控制系统的操作过于复杂，无法使系统设置像电灯开关一样直观，但在普通家庭中，不太可能像公共建筑领域那样由特定人员负责自动化系统。事实上，为了学习和适应系统，用户需要经历一定的学习曲线。其次，控制系统尤其是有线控制系统的安装和更新，不可避免地会对原有房屋结构、装修、设备造成一定的破坏，而各类建筑的耐久性不同，加之需要专业人员操作。最后是价格问题，这不仅包括监控设备的价格，还包括安装和维护费用，以及系统本身的能耗。

目前，不同的研究机构从不同的角度对无线传感器网络进行优化。例如，对真实房屋环境中的信号强度，AlarmNet 讨论了上下文感知能力，Berkeley Motes 和 Telos 专为低成本使用而设计。

2.2　超宽带室内定位

由美国联邦通信委员会（FCC）和国际电信联盟无线电通信组（ITU-R）定义的

UWB 是指带宽超过 500 MHz 或者相对带宽超过 20% 的信号。2002 年 FCC 将 3.1 ~ 10.6 GHz 和 22 ~ 29 GHz 波段开放给 UWB，并且将其最高辐射谱密度限制在 −41.3 dBm/MHz 以下。

2.2.1 UWB 特性

UWB 因其信号特性，在室内定位的应用上有以下几个优势：首先，UWB 通信是一种无载波的脉冲信号，信号强度低、带宽大，相对于其他有载波的信号，它的功耗更低、信号更稳。其次，UWB 高速脉冲信号有利于测距的精准度。一方面，UWB 的脉冲信号长度可以低至纳秒及以下，理论上测距精度可以达到厘米甚至毫米。另一方面，UWB 高速脉冲波信号多径分辨能力强，可以有效过滤反射信号，因为影响测距准确性的另一个重要因素就是多路径干扰（Multipath Error），即经过反射后接收到的信号会使得测距值偏高，尤其是在室内有很多反射面且在非视距状态下（No-line of Sight）。此外，UWB 可以在短距离内实现上吉字节每秒的理论数据传输速度。现实中已有多家商用 UWB 供应商都声称其测距模块精度已经达到厘米等级。然而，大多数 UWB 的应用还处在实验阶段及特殊领域，商业化的 UWB 模块多只提供简单的测距功能或简单空间环境中的定位功能，在被应用于复杂的建筑环境及场景前，还有很多的架构及配置工作要做。

2.2.2 UWB 测距方式

基于 UWB 信号的测距及定位计算方式多种多样。不同定位方式都有自身的优势与劣势，应用时需要根据具体的应用场景进行选择。比较常见的测距方式有基于距离测算（Rang Based）、基于到达角度（Angle of Arrival，AOA）、基于信号强度（Received Signal Strength，RSS），以及 UWB 雷达（Radar）。基于距离测算的方法又分为双向测距（Two-way Ranging，TWR）、到达时间（Time of Arrival，TOA）、到达时间差（Time Difference of Arrival，TDOA）。

除了 UWB 雷达以外，被跟踪对象都需要携带一个信号发射装置（Tag）用于和已知位置的基站（Anchor）进行通信。另一项影响实际应用的重要因素是设备间是否需要进行时钟同步。数字时钟都会有漂移现象（Clocks Drift），且随着时间的积累而增大，从而产生误差。由于测距是通过光速乘以信号发射与到达之间的时间差来实现的，1 纳秒的时间差就会造成 30 cm 的测距误差。因此，不同设备间的时间同步要求非常高。即使 Anchor 设备通过有线的方式连接起来，还是需要添加修正值来补偿信号在不同长度导线中传输的时差。这会大大增加定位设备本身及安装配置的复杂程度以及造价，同时对于定位值的计算难度也相应提高。此外，由于每次定位都需要占用一定的时间，因此单位时间内所能完成的定位次数决定了系统能所能容纳的标签数量。

表 2.2.1 中例举了几种 UWB 的测距及计算方式。其中 UWB 雷达方式是将 UWB 信号当做雷达来扫描一定区域，优点是不需要被观测对象佩戴标签设备，有些场合甚至可以穿透墙体，缺点是无法区分不同目标。RSS 方式是利用 Tag 和 Anchor 间信号的强度来推断距离，优点是实现比较简单，不需要同步，但是信号强度很容易受到环境及遮挡物的影响。以上两种方式都没发挥 IR-UWB 在测距上的优势，因此定位精度一般，也没有成熟的应用。AOA 方式是通过在一个 Anchor 上设置天线阵列（Antenna Arrays）来获得信号的入射角度，只需要求取两个 Anchor 入射角的交点就可以定位，设备间也不需要同步，但是，对天线的设计要求较高。同时，由于很多场景中，都有遮挡的情况，信号经过反弹后传到 Anchor 会造成误差。实际使用时 AOA 多作为其他定位方式的补充来使用。TWR、TOA、TDOA 方式是三种相对比较成熟的方式。其中，TOA 方式需要 Tag 和 Anchor 之间的时钟保持一致，测得 Tag 与 3 个 Anchor 之间的距离，通过三边定位法来计算 Tag 的位置。TDOA 根据 Tag 发出信号到达 3 个不同 Anchor 的时间差来计算 Tag 的位置，只需要一次通信就能完成一次定位，适合有大量 Tag 的情景，但是需要所有参与计算的 Anchor 都保持时钟同步。TWR 方式通过两次测距来抵消时钟的误差，不需要任何同步措施，因此对设备的要求较低，但是完成一次测距需要跟每个 Anchor 进行至少 2 次通信，总共需要 6 次通信，且不能被打断，因此，在同一区域内不能容纳太多的 Tag 标签。

由此可见，目前还不存在一种完美的测距方式，需要根据实际应用场景选择适合的测距方式。

表 2.2.1　不同测距方式特性

项目	TWR	TOA	TDOA	AOA	RSS	Radar
是否要携带 Tag	是	是	是	是	是	否
设备间是否需要同步	否	是	是	否	否	否
定位对象的容量	低	高	高	中	高	低
定位计算的复杂度	低	低	高	高	高	高
定位所需的最少 Anchor 数量/个	3	3	3	2	3	1
一次定位所需的通信次数/次	3×2	1	1	1×2	1	n
定位精度	高	高	中	中	低	中
产品成熟度	高	高	高	中	中	低

2.2.3　UWB 定位与空间类型

UWB 定位系统主要由固定的 Anchor 和附着在定位目标上的 Tag 组成。先通过锚点和标签间的无线信号的收发来计算定位目标的位置，再将定位数据传输到终端设备进行进一步的处理（图 2.2.1）。

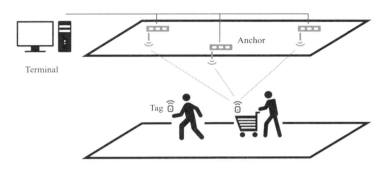

图 2.2.1　UWB 定位系统架构

由于 UWB 模块还没有像 Wi-Fi、蓝牙、NFC 一样被广泛嵌入移动设备中，因此被定位者都需要佩戴相应的 Tag 标签设备，这就涉及标签的发放和回收工作。因此，限定 UWB 系统需要在有管理的空间中使用，也就是有明确出入口且人流速度较慢的空间场景中使用，如展览馆、医院、政府大楼等场所；而汽车站、火车站、电影院虽然也有明确的出入口，但是在上车、出站，电影散场时的瞬时人流量很大，收发 Tag 需要占用一定的时间，会造成拥堵，因此并不适宜。

在若干测距方式都适用的应用场景，根据空间类型、监测对象、开发成本的不同也需要进一步选择更适合的测距方式。例如，家庭环境由卧室、客厅、厨房、卫生间等各种分隔出的独立空间构成，由于墙体的遮挡，每个房间中都需要保证有 3 个 Anchor 设备，一般两室一厅一厨一卫的套间需要 15 个左右的 Anchor，然而，这种家庭成员数量不会超过 5 人，也就是说，Tag 容量小、Anchor 需求多。这种环境中，TWR 测距方式相对比较适合，因为在这种情境中 Tag 数量少，且分布在隔开的空间中，测距时相互干扰的概率小，Anchor 之间也不需要做同步处理，大大降低了系统的复杂度和安装调试工作。相反，在商场中，空间多高大，空间中的遮挡物不多，每个 Anchor 都可以达到其最大覆盖范围，故对 Anchor 节点的需求较少。但是，由于商场中的人流量众多，可能会有上百甚至上千的监测对象，因此对于 Tag 的容量要求较高。这种场景下，TDOA 测距方式更为合适：Anchor 数量较少，降低了同步的难度，大 Tag 容量的优势又可以被很好地发挥。

除了定位方式以外，还有很多相关的系统设计因素需要考虑，如 Anchor 的连接方式、供电方式，以及 Tag 的功耗等。

UWB 定位系统的定位精度是目前其他无线定位方式无法比拟的，在各个领域都有广泛的应用前景，可为物联网及智能建筑、智慧城市提供重要数据支撑。然而，UWB 定位技术要进一步推广，除了定位精度要进一步提高以外，还有两个方面的工作需要同时推进：一方面是系统架构的设计，要建立起不同定位方式与不同建筑空间、场景的适应性关系，降低部署难度，提高实用性，发挥最佳性能。另一方面是加强高精度定位数据分析及应用方法的研究，进一步发掘高精度定位信息在不同应用场景中的价值，并开发相应的数据分析及挖掘算法。

2.3　Wi-Fi 探针街区定位

在数据研究中，高精度的原始数据可提高数据分析结论的准确性与可信度。然而，在街区尺度的人行为研究中，如通过超宽带定位技术、视频定位技术等高精度数据采集，需要投入大量的设备及人力维护，且专业性强，涉密及隐私限制多，因此很难大规模长时间地监测获取。同时街区尺度的研究场景往往人员复杂，空间类型多样，交通流线交织，少量的高精度数据无法充分揭示其时空上的规律。现有定位技术中，能长时间大规模获取的可用于人流数据分析的主要是 Wi-Fi 探针数据。但是由于 Wi-Fi 探针采集机制的固有缺陷，导致探针数据中夹杂了大量的干扰及无效信息。同时，Wi-Fi 探针的信号强度会受到遮挡等因素的影响，无法用于精确定位。如何克服 Wi-Fi 探针数据的固有不足，排除数据中的干扰因素，充分发挥其数据量大的优势，是数据研究中具有潜力的研究方向。

针对上述问题，我们开发了一套集成 Wi-Fi 嗅探、移动网络、云端服务器的 Wi-Fi 定位数据采集分析系统。该系统的设备独立性高、侵入性低，可以快速部署和撤除，大大降低了系统布设及维护的限制和难度。同时，针对 Wi-Fi 探针的数据精度问题，根据不同的应用场景及目标需求，提出相应的采集策略及数据清洗和分析方法，帮助研究人员获取有参考意义的环境行为数据分析结果。该系统在城市及乡村环境都进行了应用实验，取得了初步的成果。

2.3.1　Wi-Fi 探针的基本原理、优势及缺陷

Wi-Fi 是目前最为常用的民用无线通信协议，大多数智能手机都集成有 Wi-Fi 通信功能，用于无线互联网的接入。Wi-Fi 协议中定义了 AP（如无线路由、手机热点）和 STA（如移动终端、智能设备）两种角色，通过 Beacon、ACK、Data、Probe 等多种无线数据帧来实现网络的发现、接入和数据传递。STA 设备会发送 Probe 帧来尝试接入通信范围内的 AP。一般情况下，只要手机 Wi-Fi 不处于禁用状态，就会按固定频率发出 Probe 帧。而 Probe 帧中包含了 Wi-Fi 设备的唯一 MAC 地址，可用于区分不同的 STA 设备。同时 Probe 帧中还包含了信号强度信息 RSSI，可以信号衰减幅度与距离的函数关系估算 STA 与 AP 之间的距离。

Wi-Fi 定位有三种常见的方式：通过检测、RSSI 定位或指纹匹配定位。通过检测类

似门禁，将探针设备放置在主要交通节点或公共空间，人员经过或者在附近停留时，其移动设备的 MAC 地址被记录到。这种方式虽然不能精确定位，但可以按探针覆盖范围划分区域，获得人在不同片区内的停留时长及流向。RSSI 定位通过信号衰减程度与距离的函数关系，估算 STA 与 AP 之间的距离，计算 STA 与三个以上探针的距离就能通过三边定位法进行定位。但是由于物体遮挡、天线设计、信号干扰等因素，通过 RSSI 估算出的距离往往会有较大的误差和波动，定位效果不理想。指纹匹配方式用于弥补 RSSI 定位不准的问题。前期需要在待监测的场地定点记录不同点位上探针采集到的相应的 STA 设备的 RSSI 值作为指纹特征。在实际监测中，通过将采样值与指纹值进行比对来确定移动设备的位置。这种方式在实验室环境中，由于移动端设备射频性能的一致性较好，外界干扰较少，可以有效弥补 RSSI 定位的不足。但是在现实环境中，手持设备的射频性能各异，干扰因素众多，因此定位精度提升不明显。同时，RSSI 定位和指纹定位需要被监测区域同时有三个以上的探针信号覆盖，导致探针数量要求很多，大大增加了设备的购置及管理维护成本。因此，在实际使用中，只要合理布置基站位置，通过检测方式难度最低。

Wi-Fi 探针采集的最大优势在于被监测对象不需要携带特殊设备。由于目前智能手机的普及率较高，覆盖了绝大部分人群类型范围，监测过程也不涉及定位标签设备的收发，人流活动范围和出入不受限制。同时，探针设备可以布置得较为隐蔽，被检测对象不会发现监测行为，因此可将观测行为对于正常行为产生的影响降到最低。同时，监测设备通过移动 Wi-Fi 设备的 MAC 地址来区分对象，MAC 地址与手机号并没有绑定关系，不涉及个人信息的泄露，且所有被采集的对象都是匿名的，因此采集 MAC 地址用于科学研究不触犯个人隐私，属于合法行为，只需要在布置设备前与相关管理部门进行协商即可。

探针数据除了无法提供精准定位以外，还有几个重要缺陷对后期数据的使用造成了困难。首先，由于部分智能手机（iPhone 及部分安卓机型）开启了隐私保护机制，STA 设备会在 Probe 帧中使用随机生成的伪 MAC 地址，探针设备会检测到大量只出现一次的 MAC 地址信息，因此，无法通过 MAC 地址计数来计算人数。其次，越来越多的智能设备也配备了 Wi-Fi 接入功能，如扫地机器人、送餐机器人、导购机器人、智能摄像头、智能门铃、门锁，这些设备产生的数据会造成混淆。再次，由于不涉及个人信息，因此无法对直接对人群类别进行区分，如性别、年龄、职业等，很难进行针对性的研究。加之部分老人及儿童不随身携带智能手机，还有部分手机 Wi-Fi 功能关闭的人群是无法被探针发现的。

2.3.2 探针系统的架构及优化设计

Wi-Fi 探针技术为大规模观测提供了可能性，但在街区尺度的研究中，还需要对设备进行进一步的优化。我们根据应用场景、设备布置的便捷性与可复用性，进行以下方面的优化设计。首先，集成了 4G 通信功能，探针采集到的数据可以通过移动网络直接上传到云端服务器，不依赖本地数据网络。因此，只需要有移动运营商的信号覆盖，购买数据流量卡及流量即可（图 2.3.1）。这样的设置使得探针的布置不局限于街区内部，可拓展至附近交通枢纽及其他相关区域或者节点，便于观察周边交通、市镇设施对于街区内部的影响。

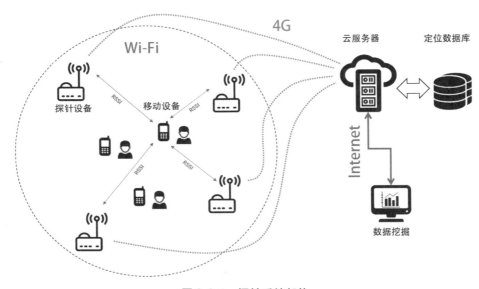

图 2.3.1　探针系统架构

其次，设备由独立锂电池供电，不依赖外部电源，使得设备的布置不受外部供电位置的约束。由于 4G 通信耗能较高，因此对设备进行了低功耗优化设计。将 Wi-Fi 单元采集的 MAC 信息暂存在数据缓存单元中，每过 5 min 或数据量饱和时，激活 4G 模块上传数据，平时 4G 模块处于关断状态，以节约电能。设备内置 12 V 20.8 Ah 锂电池，可维持 30 d 左右的 24 h 连续监测。云端服务器用于接收数据并存入数据库中。数据库采用 MongoDB 数据库，进行数据分析时可下载到本地或者直接远程连接服务器进行操作，研究人员布置好设备后即可离开现场，无需在场维护。设备外壳采用 IP65 防水防尘设计，不受外部光热环境影响（图 2.3.2）。对于不携带智能终端的老人与儿童等特殊人群，设备额外提供了 Wi-Fi 标签供探针监测。数据库管理软件每天新增

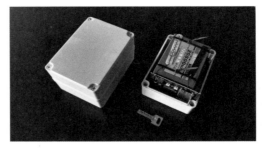

图 2.3.2　单个探针设备

一个数据库来存放当天所有探针嗅探到的 MAC 地址数据。单条数据包含了数据时间戳、探针 ID 号、MAC 地址 ID 号、RSSI 强度四项信息。

数据清理过程中难免会有特殊情况导致错误筛除或者遗漏，但是，随着数据量的加大，主要趋势还是会凸显。值得注意的是，由于不同价格的移动终端对于数据私密性的保护措施不同，例如 iPhone 和华为等高端机型都默认开启伪 MAC 地址功能，一般机型则未启动该项功能，而持有高端机型的被检测对象中高收入人群偏多，导致高收入人群被监测到的比例降低，可能会使得分析结果更趋向中低收入人群的行为特性。此种数据上的偏见是否确实存在，是否有可能通过补充实际数据的调研并加入参数修正，尚待进一步的研究验证。

2.4　虚拟漫游技术

2.4.1　虚拟漫游技术的适用场景

无论是何种无线定位技术都只能在真实的物理环境中进行使用，也就是项目建成以后。但是在一些公共设计项目中，如片区范围的城市设计、公共活动场地等，如果能在设计前期就对服务对象的环境使用方式有所了解，就可以避免大量设计上的错误定位。因此应鼓励公众参与到这些项目的过程中，起到监督作用。

然而，目前公众参与的普遍形式尚存在一些问题，限制了其在设计中发挥作用。在设计初期，一般会采用访谈、问卷、田野调查的方式来获取公众的意见。这些方法都需要投入大量的人力和物力。同时，存在着问卷回收率低的状况，可获得的数据量有限。在项目中期，一般以邀请居民代表参与听证会的形式为主。这种方式很难获取广泛的意见，各种不同的诉求也很难得到表达。在设计后期一般都有项目公示环节，一方面，这时如果公众对于设计存在异议，再要改动设计成本很高；另一方面，公众参与者多为非专业人士，很难从图纸和少量的效果图中对设计，尤其是对空间形态及尺度感形成正确的认识。另外，受到访谈及问卷形式的影响，被测者的反馈数据未必能反映被测者的真实感受。

VR 和 AR 技术的引入恰好可以有效地解决上述问题。首先，VR 技术主要用以提供沉浸式的三维体验，AR 技术可以提供虚拟模型融入实景的效果，两者皆可为参与者提供比图纸更直观真实的体验。其次，基于 VR/AR 开发的 APP 可以对参与者提供的信息进行数字化记录，不仅包括其主观评价数据，还可以对参与者在过程中的行为进行实时的记录，从而获得其潜意识中的行为模式特征，以验证主观录入数据的真实性。

2.4.2　虚拟漫游技术的获取方式和类型

VR、AR 技术各有其应用的场景和局限性。VR 技术需要使用者佩戴 VR 头盔，头盔将捕捉使用者的位置及朝向，实时渲染目镜中的三维模型，配合照片级渲染引擎，让使用者获得沉浸式的三维感官。同时配以控制手柄，使用者可以在虚拟环境中进行移动、选择、抓取等操作。因此，VR 技术更适合开发型的城市设计，这类城市设计多是新建部分，空间尺度大，可以将设计方案模型整体导入 VR 环境中。AR 技术的优势是可以将虚拟世界中的模型叠合到真实环境的影像上，并可以实时地从不同角度进行观察。此技术更适合用在更新类型的城市设计项目中。这类项目的部分现状会被保留，而对局部进行优化调整，设计所关心的是新设计对于原有环境的影响。因此，将设计模型实时叠合到真实环境影像中，更有利直观感受新老元素之间的关系。

VR/AR 应用程序都有交互方式来获得用户的输入，VR 可以通过手柄的点击，而 AR 可以使用触屏。因此，可将问卷部分进行数字化设计，完成数字化采集。采集的数据大致可以分为三种：第一种是用户的背景信息，可用于不同背景人员需求的分析；第二种是对于方案的评价或者数据选择，可要求被测者对观测到的场景给予不同评价或在不同的局部设计方案中进行选择；第三种是被测者的行为数据，包括其行进路线、视线角度、视点停留等信息，这些信息并不要求被测者主动出入，更多反映的是被测试者无意识的行为方式，这些行为可以和主动输入数据进行比较，以进行相互印证。例如，如果测试者对某个空间节点的评价较好，可以提取该区域平均停留时间或者注视时间，检查是否确实吸引了更多的人流。

第三章
数据管理统计工具

数字化方式采集到的数据量较大，因此需要使用更专业的数据管理工具，即数据库来进行存储管理。相较于一般的数据文档，数据库在数据的结构化和组织、数据的高效查询和搜索方面都有很大的优势。数据库一般还集成了一些基本的数据过滤、数据统计功能，降低了数据处理的难度。

3.1 数据库基本概念

在互联网时代，人们对数据的记录、存储、查询需求急剧增强。为了方便管理数据，就有了数据库。它是按照数据结构来组织、存储和管理数据的仓库，是相互有关联关系的数据的集合。用户可以对数据库中的数据进行高效地增加、删减、修改和查找等操作。

目前常见的数据库有两种类型：关系型数据库与非关系型数据库。

关系型数据库与规范化的"表"（Table）较为类似，采用行列方式组织和存储数据，数据之间的关联关系由表中属性的值来表征，结构描述简单，大都遵循 SQL 标准（结构化查询语言），常见的有 SQL、Oracle、SQL Server 等。这些数据库的可靠性和稳定性强。

随着云计算与大数据时代的到来，关系型数据库逐渐难以满足海量数据存储的需要，分布式技术也对数据库提出了新的要求。因此出现了越来越多非关系型的数据库（NoSQL），比如 MongoDB、Redis。这些数据库的结构相对简单，查询快捷，扩展性强，对数据结构要求较为灵活，非常适用于大数据的处理工作。

3.2 数据存储形式

3.2.1 MongoDB 简介

由于环境行为采集到的数据数量庞大，研究中主要采用 MongoDB 对数据进行存储。MongoDB 基于分布式文件存储的文档数据库，用 C++语言编写，介于关系型与非关系型数据库之间，旨在为 WEB 应用提供可扩展的高性能数据存储解决方案，如今已经应用于物联网、地图、社交、视频直播等众多领域。

MongoDB 以 JSON 为数据模型，数据结构由键值（key value）对组成，支持的查询语言十分强大，类似于面向对象的查询语言，操作起来简单方便。MongoDB 中一些基础概念与关系型数据库非常相似，如数据库（Database）、集合（Collection）、文档（Document）、字段（Field）、_id（字段）、聚合操作（$lookup）等，表 3.2.1 进行讲解。

表 3.2.1　Mongo 基本术语概念

MongoDB 术语概念	解释说明
Database	数据库
Collection	数据库表/集合
Document	数据记录行/文档
Field	数据字段/域
Index	索引
Primary key	主键，MongoDB 自动将_id 字段设置为主键

数据库（Database）：最外层的概念，一个 MongoDB 中可以建立多个数据库，每一个数据库都有自己的集合和权限。默认的数据库为"db"，可以利用"show dbs"显示所有数据的列表。

集合（Collection）：类似于关系数据库中的表，一个集合中可以存放多个文档，但集合并没有固定的结构，可以在集合中插入不同类型的数据。

文档（Document）：文档是一组键值（key value）对，即 BSON。文档是数据库中最小的单位。不同于关系型数据库，文档中不需要设置相同的字段，并且相同的字段可以是不同的数据类型。

字段（Field）：文档中的一个属性，类似于列。

_id（字段）：类似于主键，每一个文档中拥有唯一的字段。

聚合操作（$lookup）：类似于表连接的聚合操作符。

3.2.2　数据库基础操作

简单了解了 MongoDB，我们就可以使用 MongoDB 对数据进行基础的操作。

首先我们需要启动 MongoDB 的服务。将 MongoDB 服务器作为 Windows 服务运行，我们仅需在安装目录的 bin 目录下执行"mongodb"命令即可。用户可以通过 shell 连接 MongoDB 服务，若连接本地数据库服务器，则默认启动 27017 端口，地址是 http：// 127.0.0.1：27017/；若使用用户名和密码连接，则格式为 username：password @ hostname/dbname。

开启数据库之后，用户可以通过指令对数据库进行增删改查等基础操作。对应语句如下：增加 db.〈collection〉.insert（），移除 db.〈collection〉.remove（），修改 db.

⟨collection⟩. update( )，查找 db. ⟨collection⟩. find( )。

3.2.3　数据处理-聚合操作

MongoDB 中使用 aggregate( ) 对数据进行聚合操作，其能够对数据进行求和、求平均值、求极值等操作，并返回计算结果。聚合操作包括三种：单一作用聚合、聚合管道、MapReduce。

大部分 MongoDB 中的聚合操作都是指聚合管道。整个聚合运算的过程称为管道，它是由多个阶段组成的，每个管道都会接受一系列数据，进行一系列运算后，将数据传到下一个阶段。

聚合管道框架包涵多种操作，例如：$match 用于过滤数据，输出符合条件的文档；$group 将集合中的文档分组，用于统计结果；$sort 将输入文档排序后输出……在管道中，可以运用表达式计算当前管道的文档中的数据，例如，$sum 计算文档中字段的总和，$avg 计算平均值，$push 在文档中插入值……

3.2.4　可视化工具 MongoDB Compass

为使数据查询、优化、分析等操作更为直观和便捷，市面上已有许多针对 MongoDB 的可视化管理工具，本书以官方的一款工具 MongoDB Compass 为例，进行介绍。通过 Compass，用户无需操作代码便可以实现数据的导入、增、删、改、查、聚合等操作，十分简洁。

初次打开 Compass，应将 MongoDB 连接到主机。连接后，用户建立自己的数据库，并在数据库下创建数据集，将收集到的数据导入数据集之中。在文档页面可以查看每条数据的详情，也可以对数据进行增加、插入、复制、删除等操作（图 3.2.1）。

图 3.2.1　MongoDB Compass 文档界面

MongoDB Compass 中的聚合管道构建器提供了创建聚合管道来处理数据的方式。在聚合管道窗口，用户可以选择聚合操作的类型，并在其中书写表达式；可以在窗口右侧简单查看聚合的效果（图 3.2.2）。确认效果之后就可以导出相关代码，在 Java 或 Python 编辑器中运行。

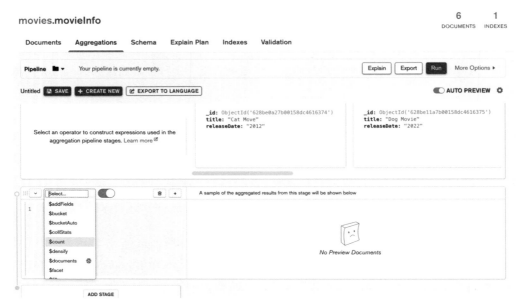

图 3.2.2 MongoDB Compass 可视化界面中的聚合操作

3.3 使用 Pandas 库进行数据处理

数据库中提供的数据预处理工具多为通用工具，无法满足处理一些特定问题。如果需要对数据进行更精细化的处理，Python 中的 Pandas 库是一个比较容易上手的工具。Pandas 是一个强大的分析结构化数据的开源工具集，底层基于 Numpy 库，具有较高的数据处理性能。同时支持各种文件格式比如 CSV、JSON，以及各种数据库的导入和导出，还具有一定的图形化输出的能力。Pandas 中有两种最基本的数据结构 Series（一维数据）与 DataFrame（二维数据），所有的操作都基于这两个结构展开。

3.3.1 数据结构

1. Series

Sereis 是一个一维的带标签的数组，可以存储任何类型的数据（Integers，Strings，Floating Point Numbers，Python Objects 等等）。Series 是一个类似字典的结构，可以通过

Index 标签进行获取和设置。Series 之间可以进行数学运算，标签会自动对齐，当两个 Series 的标签长度不同时会产生缺失值（NaN）。

创建 series: s = pd. Series（data，index＝index）

```
# 导入 pandas 和 numpy 模块
import pandas as pd
import numpy as np


In [1]:s = pd. Series(np. random. randn(5), index=["a", "b", "c", "d", "e"])
In [2]:s
Out[2]:
a        0. 469112
b       -0. 282863
c       -1. 509059
d       -1. 135632
e        1. 212112
dtype: float64
```

获取和设置某个值：

```
In [3]:s["a"]
Out[3]:
0. 4691122999071863
In [4]: s["e"] = 12. 0
In [5]: s
Out[5]:
a        0. 469112
b       -0. 282863
c       -1. 509059
d       -1. 135632e      12. 000000
dtype: float64
```

Series 之间的数学运算（NaN 为缺失值）：

```
In [29]: s * 2
Out[29]:
a        0. 938225
b       -0. 565727
c       -3. 018117
```

```
d    -2.271265
e    24.000000
dtype: float64
```

```
In [29]: s[1:] + s[:-1]
Out[31]:
a      NaN
b    -0.565727
c    -3.018117
d    -2.271265
e      NaN
dtype: float64
```

2. DataFrame

DataFrame 类似表格，是一个二维的具有不同类型列和标签的数据结构。可以视作多个 Series 形成的字典，其选取、添加和删除操作都和字典的相应操作一致。DataFrame 是 Pandas 中最常用的数据结构。与 Series 类似，其可以存储各种类型的数据。

（1）创建 DataFrame。

创建 DataFrame 的方式有很多，主要是通过传入字典类型的数据结构进行创建。

```
d = { "one": pd.Series([1.0, 2.0, 3.0], index=["a", "b", "c"]),
      "two": pd.Series([1.0, 2.0, 3.0, 4.0], index=["a", "b", "c", "d"]) }
In [38]: df = pd.DataFrame(d)
In [39]: df
Out[39]:
   one  two
a  1.0  1.0
b  2.0  2.0
c  3.0  3.0
d  NaN  4.0
```

（2）列的添加和删除。

```
#添加列
In [39]: df['three']=5
Out[39]:
   one    two    three
a  1.0    1.0    5.0
```

```
b   2.0    2.0    5.0
c   3.0    3.0    5.0
d   NaN    4.0    5.0
```

```
#删除列
In [39]: del df['three']=5
Out[39]:
    one    two
a   1.0    1.0
b   2.0    2.0
c   3.0    3.0
d   NaN    4.0
```

3.3.2　文件操作

（1）读取 csv 文件：pd. read_csv(filePath, header) 。

filePath（string）：csv 文件路径

header（int）：用作列名的行号，默认 header＝0，即用第一行作为列名

（2）读取 Excel 文件：pd. read_excel(filePath) 。

filePath（string）：csv 文件路径

（3）输出 csv 文件：pd. to_csv(filePath, index＝True, header＝True) filePath（string）：存储路径。

index：是否写入行号

header：是否写入列名

（4）输出 Excel 文件：pd. to_excel(filePath, index＝True, header＝True) filePath（string）：存储路径。

index：是否写入行号

header：是否写入列名

```
#读取 csv 文件为 DataFrame
In [39]: df=pd. read_csv('F:\\example\\data.csv', header=0)
In [40]: df
Out[40]:
    one    two
a   1.0    1.0
b   2.0    2.0
c   3.0    3.0
```

d   NaN   4.0

\# 将 DataFrame 输出为 csv 文件

df.read_csv('F: \\ example \\ data.csv', index＝False)

3.3.3　查看数据

（1）查看最前面的数据和最末尾的数据。

DataFrame. head（$n=5$）　　　返回最前面的 n 行数据，默认 $n=5$

DataFrame. tail（$n=5$）　　　返回最末尾的 n 行数据，默认 $n=5$

In［39］: df

Out［39］:

	one	two
a	1.0	1.0
b	2.0	2.0
c	3.0	3.0
d	NaN	4.0
e	5.0	2.0
f	2.0	1.0

In［39］: df.head( )

Out［39］:

	one	two
a	1.0	1.0
b	2.0	2.0
c	3.0	3.0
d	NaN	4.0
e	5.0	2.0

In［39］: df.tail( )

Out［39］:

	one	two
b	2.0	2.0
c	3.0	3.0
d	NaN	4.0
e	5.0	2.0
f	2.0	1.0

（2）显示索引（index）和列（columns）的信息。

DataFrame. index　　　　　返回索引名及其数据类型

DataFrame. columns　　　　返回列名及其数据类型

```
In [39]:df.index
Out[39]: Index(['a', 'b', 'c', 'd','e','f'], dtype='object')

In [39]:df.columns
Out[39]: Index(['one', 'two'], dtype='object')
```

（3）行列转换。

DataFrame. T

（4）按索引排序。

DataFrame. sort_ inde（axis＝0）

（5）按值排序。

DataFrame. sort_ values（by＝none）

3.3.4　索引和选取数据

本节将介绍 Pandas 中处理数据的索引和选取数据的相关操作，选取数据是数据处理中最基础的操作。

1. 使用"［　］"进行的基础索引

series［lable］索引并获取 lable 对应的值。

DataFrame［colomns_name］索引并获取到某列，返回该列的 Series 形式。

```
In [1]: dates = pd.date_range('1/1/2000',periods=8)
In [2]: df = pd. DataFrame(np. random. randn(8,4),
   ...:                    index=dates, columns=['A', 'B', 'C', 'D'])
   ...:
In [3]: df
Out [3]:
```

	A	B	C	D
2000-01-01	0.469112	-0.282862	-1.509059	-1.135632
2000-01-02	1.212112	-0.173215	0.119209	-1.044236
2000-01-03	-0.861849	-2.104569	-0.494929	1.071804
2000-01-04	0.721555	-0.706771	-1.039575	0.217860
2000-01-05	-0.424972	0.567020	0.276232	-1.087401
2000-01-06	-0.673690	0.113648	-1.478427	0.524988
2000-01-07	0.404705	0.577046	-1.715002	-1.039268

2000-01-08   -0.370647   -1.157892   -1.344312   0.844885

In [4]: s = df['A']

In [5]: s[dates[5]]

Out [5]: -0.6736897080883706

2. ".loc [ ]" 通过标签索引

行名和列名都是标签，通过行和列的标签，我们可以定位索引需要的数据。其基本语法如表3.3.1所示。

表 3.3.1   Series 和 DataFrame 通过标签访问数据的方式

数据结构类型	标签形式
Series	s.loc [indexer]
DataFrame	df.loc [row indexer, column indexer]

由于 Series 是一维标签数据，通过传入标签即可获取相应的值，它也支持切片操作以选取多个数据。

对于二维标签结构的 DataFrame，需要传入对行标签的索引和对列标签的索引，两者共同作用选取到所需数据。

".loc [ ]" 可传入的对象包括：

（1）一个单独的标签。例如5或'a'（注意此处的5指的是行的标签内容为5，不是第5行）。

In [44]: df1 = pd.DataFrame(np.random.randn(6, 4),

....: index=list('abcdef'),

....: columns=list('ABCD'))

....:

In [45]: df1

Out[45]:

	A	B	C	D
a	0.132003	-0.827317	-0.076467	-1.187678
b	1.130127	-1.436737	-1.413681	1.607920
c	1.024180	0.569605	0.875906	-2.211372
d	0.974466	-2.006747	-0.410001	-0.078638
e	0.545952	-1.219217	-1.226825	0.769804
f	1.281247	-0.727707	-0.121306	-0.097883

#单独传入行标签

```
In [48]: df1.loc['a']
Out[48]:
A    0.132003
B   -0.827317
C   -0.076467
D   -1.187678
Name: a, dtype: float64
```

#冒号表示切片,冒号两侧为空则表示全部选取,此处表示选取'a'行的全部列

```
In [48]: df1.loc['a', :]
Out[48]:
        A          B          C          D
a 0.132003   -0.827317   -0.076467   -1.187678
```

（2）一个标签的列表或数组。

#选取 a、b、c 行的所有列的数据

```
In [46]: df1.loc[['a', 'b', 'd'], :['A','C']]
Out[46]:
        A          C
a 0.132003   -0.076467
b 1.130127   -1.413681
d 0.974466   -0.410001
```

（3）标签的切片，如 'a'：'f'（切片的首位数据都将包含）。

#选取 d 到最后一行的 A 到 C 列的数据

```
In [47]: df1.loc['d':, 'A':'C']
Out[47]:
        A          B          C
d    0.974466   -2.006747   -0.410001
e    0.545952   -1.219217   -1.226825
f   -1.281247   -0.727707   -0.121306
```

（4）布尔类型的数组。

可用 "｜" 表示或，"&" 表示且，"~" 表示否来组合多个判断语句，形成布尔类型的数组，以及使用 ".isin（）" 生成布尔类型的数组。

选取所有行和 a 行中的数据大于 0 的列
此处满足条件的为所有行和 A 列

```
In[50]: df1.loc[:, df1.loc['a']>0]
Out[50]:

      A
a 0.132003
b 1.130127
c 1.024180
d 0.974466
e 0.545952
f -1.281247
```

选取 A 列大于 1 并且 B 列大于 0 的所有行

```
In[45]: df1.loc[(df1['A']>1)&(df1['B']>0),:]
Out[45]:

      A          B          C          D
c  1.024180   0.569605   0.875906   -2.211372
```

选取 A 列中数据包含在列表 [0.132003, 1.024180] 中的行的所有列

```
In[45]: df1.loc[df1['A'].isin([0.132003, 1.024180]),:]
Out[45]:

      A          B           C           D
a  0.132003   -0.827317   -0.076467   -1.187678
c  1.024180    0.569605    0.875906   -2.211372
```

3. ".iloc[ ]"通过位置索引

该方法是 Pandas 提供的完全基于整数的从 0 开始的索引方式，语法与 Python 和 Numpy 的切片语法相同，切片包含起始边界而不包含末尾边界（表3.3.2）。

表 3.3.2 Series 和 DataFrame 的数据切片方式

Series	s.iloc[indexer]
DataFrame	df.iloc[row_indexer, columns_indexer]

".iloc"支持的传入对象如下：

（1）单个的整数。

```
In[67]: df1 = pd.DataFrame(np.random.randn(6, 4),
      ....: index=list(range(0, 12, 2)),
```

```
....: columns＝list(range(0, 8, 2)))
....:
```

In [68]: df1

Out[68]:

	0	2	4	6
0	0.149748	−0.732339	0.687738	0.176444
2	0.403310	−0.154951	0.301624	−2.179861
4	−1.369849	−0.954208	1.462696	−1.743161
6	−0.826591	−0.345352	1.314232	0.690579
8	0.995761	2.396780	0.014871	3.357427
10	−0.317441	−1.236269	0.896171	−0.487602

选取第二行的数据

In [68]: df1.iloc[2]

Out[68]:

```
0   −1.369849
2   −0.954208
4    1.462696
6   −1.743161
Name: 4, dtype: object
```

（2）整数数组。

选取第 1、3、5 行中的第 1、3 列的数据

In [71]: df1.iloc[[1, 3, 5], [1, 3]]

Out[71]:

	2	6
2	−0.154951	−2.179861
6	−0.345352	0.690579
10	−1.236269	−0.487602

（3）整数的切片。

选取第 1、第 2 行中的所有列的数据

In [68]: df1.iloc[1:3, :]

Out[68]:

	0	2	4	6
2	0.403310	−0.154951	0.301624	−2.179861
4	−1.369849	−0.954208	1.462696	−1.743161

（4）布尔类型的数组。

In［68］：df1.iloc［2:4,［True,True,False,,False］］

Out［68］：

	0	2
4	−1.369849	−0.954208
6	−0.826591	−0.345352

4. 重复数据相关操作

有两种方法可以识别和删除重复的行（表3.3.3）。

表 3.3.3　两种不同的删除重复行函数

函数	参数	返回值
duplicated（）	string col_ name: 传入一个列名用于识别重复行 keep='first' 默认值，将重复的第一个视为唯一值	布尔数组，重复值为 TRUE，否则为 FALSE
drop_ duplicates（）	keep='last' 将重复的最后一个视为唯一值 keep=False 所有的重复值都被标记为重复	删除重复行后的数据

In［283］：df2 = pd.DataFrame（｛'a'：['one', 'one', 'two', 'two', 'two','three', 'four'],

.....：　　　　　　　　　　'b'：['x', 'y', 'x', 'y', 'x', 'x', 'x'],

.....：　　　　　　　　　　'c'：np. random. randn（7）｝）

.....：

In［284］：df2

Out［284］：

	a	b	c
0	one	x	−1.067137
1	one	y	0.309500
2	two	x	−0.211056
3	two	y	−1.842023
4	two	x	−0.390820
5	three	x	−1.964475
6	four	x	1.298329

In［285］：df2.duplicated（'a'）

Out［285］：

```
0     False
1     True
2     False
3     True
4     True
5     False
6     False
dtype: bool
```

```
In〔289〕: df2. drop_duplicates('a', keep='last')
Out〔289〕:
       a      b      c
1    one     y    0.309500
4    two     x   -0.390820
5    three   x   -1.964475
6    four    x    1.298329
```

5. 设置和重置索引

（1）设置索引 set_index（）。

```
# 将 b 列设为索引, drop=True 表示删除作为普通数据的 b 列
# append=False 表示不是在原有索引上增加一层索引
In〔284〕: df3=df2. set_index('b', drop=True, append=False)
In〔284〕: df3
Out〔284〕:
       a         c
b
x    one     -1.067137
y    one      0.309500
x    two     -0.211056
y    two     -1.842023
x    two     -0.390820
x    three   -1.964475
x    four     1.298329
```

（2）重置索引 reset_index（）。

与 set_index（）相反，reset_index（）将索引重置为一个从 0 开始的整数索引，默认

会将原来的索引变为一个普通列，除非指定 drop=True。

```
In [284]: df3.reset_index()
Out[284]:
      b    a       c
0     x    one    -1.067137
1     y    one     0.309500
2     x    two    -0.211056
3     y    two    -1.842023
4     x    two    -0.390820
5     x    three  -1.964475
6     x    four    1.298329
```

（3）重新索引 reindex（）。

reindex（）是 Pandas 中的一种基本的数据对齐方式，它可以重新排列现有数据并用 NA 标记重新排列过程中缺失的数据，同时也可以作为删除行和列的一种方式。

```
In [284]: df4
Out[284]:
      a    b       c
x     one  x      -1.067137
y     one  y       0.309500
z     two  x      -0.211056
e     two  y      -1.842023
f     two  x      -0.390820
```

```
In [284]:
df4.reindex(index=['z','y','x'],columns=['a','c'])
Out[284]:
      a        c
z     two    -0.211056
y     one     0.309500
x     one    -1.067137
```

3.3.5 缺失值处理

Pandas 中丢失的数据被默认标记为 NaN，在对数据进行处理之前应当首先对缺失值进行处理，以免影响后续操作。

（1）判断是否有缺失值 ". isna（）" ". notna（）"。

In［6］: df2

Out［6］:

	one	two	three	four	five
a	0.469112	−0.282863	−1.509059	bar	True
b	NaN	NaN	NaN	NaN	NaN
c	−1.135632	1.212112	−0.173215	bar	False
d	NaN	NaN	NaN	NaN	NaN
e	0.119209	−1.044236	−0.861849	bar	True
f	−2.104569	−0.494929	1.071804	bar	False
g	NaN	NaN	NaN	NaN	NaN
h	0.721555	−0.706771	−1.039575	bar	True

In［10］: df2.isna（）

Out［10］:

	one	two	three	four	five
a	False	False	False	False	
b	True	True	True	True	
c	False	False	False	False	
d	True	True	True	True	
e	False	False	False	False	
f	False	False	False	False	
g	True	True	True	True	
h	False	False	False	False	

（2）填充缺失值 "fillna（）"，可以用指定标量填充、用前一个值填充或用后一个值填充。当使用前（后）面的值填充时，可以用 limit 指定填充连续缺失值的长度。

In［6］: df2

Out［6］:

	one	two	three	four	five
a	0.469112	−0.282863	−1.509059	bar	True
b	NaN	NaN	NaN	NaN	NaN
c	−1.135632	1.212112	−0.173215	bar	False
d	NaN	NaN	NaN	NaN	NaN
e	NaN	NaN	NaN	NaN	NaN

| | f | −2.104569 | −0.494929 | 1.071804 | bar | False |

f	−2.104569	−0.494929	1.071804	bar	False
g	NaN	NaN	NaN	NaN	NaN
h	0.721555	−0.706771	−1.039575	bar	True

In [6]: df2. fillna(0)
Out[6]:

	one	two	three	four	five
a	0.469112	−0.282863	−1.509059	bar	True
b	0	0	0	0	0
c	−1.135632	1.212112	−0.173215	bar	False
d	0	0	0	0	0
e	0	0	0	0	0
f	−2.104569	−0.494929	1.071804	bar	False
g	0	0	0	0	0
h	0.721555	−0.706771	−1.039575	bar	True

In [6]: df2. fillna(method='ffill', limit=1)
Out[6]:

	one	two	three	four	five
a	0.469112	−0.282863	−1.509059	bar	True
b	0.469112	−0.282863	−1.509059	bar	True
c	−1.135632	1.212112	−0.173215	bar	False
d	−1.135632	1.212112	−0.173215	bar	False
e	NaN	NaN	NaN	NaN	NaN
f	−2.104569	−0.494929	1.071804	bar	False
g	−2.104569	−0.494929	1.071804	bar	False
h	0.721555	−0.706771	−1.039575	bar	True

In [6]: df2. fillna(method='bfill')
Out[6]:

	one	two	three	four	five
a	0.469112	−0.282863	−1.509059	bar	True
b	−1.135632	1.212112	−0.173215	bar	False
c	−1.135632	1.212112	−0.173215	bar	False
d	−2.104569	−0.494929	1.071804	bar	False
e	−2.104569	−0.494929	1.071804	bar	False

f	−2.104569	−0.494929	1.071804	bar	False
g	0.721555	−0.706771	−1.039575	bar	True
h	0.721555	−0.706771	−1.039575	bar	True

3.3.6 应用函数（apply）

apply 函数自动根据 function 遍历每一个数据，然后返回一个数据结构为 Series 的结果，是 Pandas 所有函数中自由度最高的函数，一般语法为：

```
df.apply(func, axis=0, args=(), **kwds)
```

其中：

func:函数,应用于每列或每行

axis:默认为 0,应用函数的轴方向,0 为按行,1 为按列

args:func 的位置参数

**kwds:作为关键字参数传递给 func 的其他关键字参数

```
f = pd.DataFrame([[4, 9]] * 3, columns=['A', 'B'])
df
'''
    A    B
0   4    9
1   4    9
2   4    9
'''

# 使用 numpy 通用函数（如 np.sqrt(df)）:
df.apply(np.sqrt)
'''
      A    B
0   2.0  3.0
1   2.0  3.0
2   2.0  3.0
'''

# 使用聚合功能
df.apply(np.sum, axis=0)
'''
A    12
B    27
```

dtype: int64

'''

df.apply(np.sum, axis=1)

'''

0   13

1   13

2   13

dtype: int64

'''

在每行上返回类似列表的内容

df.apply(lambda x: [1, 2], axis=1)

'''

0   [1, 2]

1   [1, 2]

2   [1, 2]

dtype: object

'''

在每行上返回类似列表的内容

df.apply(lambda x: [1, 2], axis=1)

'''

0   [1, 2]

1   [1, 2]

2   [1, 2]

dtype: object

'''

result_type='expand' 将类似列表的结果扩展到数据的列

df.apply(lambda x: [1, 2], axis=1, result_type='expand')

'''

	0	1
0	1	2
1	1	2
2	1	2

'''

在函数中返回一个序列,生成的列名将是序列索引

```
df.apply(lambda x: pd.Series([1, 2], index=['foo', 'bar']), axis=1)
'''
    foo    bar
0    1      2
1    1      2
2    1      2
'''

# result_type='broadcast' 确保函数返回相同的形式结果
# 无论是 list-like 还是 scalar,都沿轴进行广播
# 生成的列名将是原始列名
df.apply(lambda x: [1, 2], axis=1, result_type='broadcast')
'''
     A      B
0    1      2
1    1      2
2    1      2
'''
```

3.3.7 合并

1. Concat

```
pd.concat(objs, axis=0, join='outer', join_axes=None, ignore_index=False,
keys=None, levels=None, names=None, verify_integrity=False, copy=True):
```

将两个表拼在一起。

objs:需要连接的对象集合,一般是列表或字典。

axis:连接轴向。

axis=0 代表纵向合并;

axis=1 代表横向合并。

join:参数为'outer'或'inner'。

ignore_index=True:重建索引

举例:

```
df = pd.DataFrame(np.random.randn(10, 4))
```

```
df
```

Out[74]:

	0	1	2	3
0	−0.548702	1.467327	−1.015962	−0.483075
1	1.637550	−1.217659	−0.291519	−1.745505
2	−0.263952	0.991460	−0.919069	0.266046
3	−0.709661	1.669052	1.037882	−1.705775
4	−0.919854	−0.042379	1.247642	−0.009920
5	0.290213	0.495767	0.362949	1.548106
6	−1.131345	−0.089329	0.337863	−0.945867
7	−0.932132	1.956030	0.017587	−0.016692
8	−0.575247	0.254161	−1.143704	0.215897
9	1.193555	−0.077118	−0.408530	−0.862495

```
# break it into pieces
pieces = [ df [ : 3], df [3: 7], df [7:] ]
pd.concat( pieces)
```

Out[76]:

	0	1	2	3
0	−0.548702	1.467327	−1.015962	−0.483075
1	1.637550	−1.217659	−0.291519	−1.745505
2	−0.263952	0.991460	−0.919069	0.266046
3	−0.709661	1.669052	1.037882	−1.705775
4	−0.919854	−0.042379	1.247642	−0.009920
5	0.290213	0.495767	0.362949	1.548106
6	−1.131345	−0.089329	0.337863	−0.945867
7	−0.932132	1.956030	0.017587	−0.016692
8	−0.575247	0.254161	−1.143704	0.215897
9	1.193555	−0.077118	−0.408530	−0.862495

2. Merge

主要用于索引上的合并：

```
merge( left, right, how='inner', on=None, left_on=None, right_on=None,
left_index=False, right_index=False, sort=True,
```

```
suffixes=('_x', '_y'), copy=True, indicator=False)
```

可以根据一个或多个键将不同的 DataFrame 连接起来，典型应用场景为同一个主键存在两张字段不同的表，根据主键整合成一张表。其中：

left 和 right：两个不同的 DataFrame。

how：连接方式，有 inner、left、right、outer，默认为 inner。

on：用于连接的列索引名称，必须同时存在于左右两个 DataFrame 中，如果没有指定且其他参数也没有指定，则以两个 DataFrame 的列名交集作为连接键。

left_on：左侧 DataFrame 中用于连接键的列名，这个参数在左右列名不同但代表的含义相同时非常的有用；

right_on：右侧 DataFrame 中用于连接键的列名。

left_index：使用左侧 DataFrame 中的行索引作为连接键。

right_index：使用右侧 DataFrame 中的行索引作为连接键。

sort：默认为 True，将合并的数据进行排序，设置为 False 可以提高性能。

suffixes：字符串值组成的元组，用于指定当左右 DataFrame 存在相同列名时在列名后面附加的后缀名称，默认为（'_x', '_y'）。

copy：默认为 True，将数据复制到数据结构中，设置为 False 可以提高性能。

indicator：显示合并的数据中数据的来源情况

```
left = pd.DataFrame({"key": ["foo", "foo"], "lval": [1, 2]})

right = pd.DataFrame({"key": ["foo", "foo"], "rval": [4, 5]})

left
Out[79]:
    key    lval
0   foo      1
1   foo      2

right
Out[80]:
    key    rval
0   foo      4
1   foo      5

pd.merge(left, right, on="key")
```

Out[81]:

	key	lval	rval
0	foo	1	4
1	foo	1	5
2	foo	2	4
3	foo	2	5

3.3.8　聚合（group by）

"group by"是一个涉及以下步骤中一个或多个的过程：

（1）分割：将数据按某种标准分组。

（2）应用函数：对每个组独立的应用函数。

（3）组合：将这些结果组合到一个数据结构中。

通过这些步骤，我们可以将数据进行分组，在应用函数步骤可以实现数据的聚合统计、筛选、转换等操作。以下是一些重要操作的讲解与示例。

（1）"DataFrame. groupby()"可以传入单个列名，也可以传入列名的数组。

传入单个列名时，表示对该列进行分组，该列中数据相同的行被分为一组，组名为这个相同的数据。调用该函数返回的是一个 pandas. grouped 对象。

传入多个列名组成的数组时，会按照列名的顺序生成一个 MultiIndex DataFrame，即多层索引结构。如传入 ['A', 'B'] 两列进行分组时，会先按照 'A' 列分组，然后在每一组中再按照 'B' 列进行分组，最终的 index 包含两个层级，即第一层级为 'A'，第二个层级为 'B'。

In[58]: df
Out[58]:

	A	B	C	D
0	foo	one	−0.575247	1.346061
1	bar	one	0.254161	1.511763
2	foo	two	−1.143704	1.627081
3	bar	three	0.215897	−0.990582
4	foo	two	1.193555	−0.441652
5	bar	two	−0.077118	1.211526
6	foo	one	−0.408530	0.268520
7	foo	three	−0.862495	0.024580

```
In[3]: grouped = df.groupby("A")
In[5]: grouped = df.groupby(["A", "B"])
```

（2）对 grouped 进行遍历，即对每个组进行遍历。

```
In [63]: grouped = df.groupby('A')

In [64]: for name, group in grouped:
print(name)
print(group)
bar
     A      B       C           D
1   bar    one     0.254161     1.511763
3   bar    three   0.215897    -0.990582
5   bar    two    -0.077118     1.211526
foo
     A      B       C           D
0   foo    one    -0.575247     1.346061
2   foo    two    -1.143704     1.627081
4   foo    two     1.193555    -0.441652
6   foo    one    -0.408530     0.268520
7   foo    three  -0.862495     0.024580
```

（3）对 grouped 进行聚合，将返回一个以组名作为新索引（行名）的 DataFrame。可以用 grouped. agg（）传入聚合函数，也可以直接用 grouped 调用聚合函数。当使用 grouped. agg（）传入聚合函数时，可以对特定的列指定聚合函数，当不指定列的时候则是对所有可以运算的列进行运算。当直接用 grouped 调用聚合函数时，Pandas 会自动检测每列的数据类型，对可以进行该运算的列进行计算，结果会删除无法进行运算的列。

```
#按 A 列分组
In [58]: df.groupby('A').sum()
Out[58]:
          C           D
A
bar      -0.118392    1.041757
foo       1.739541    1.643936

#按 A 列分组,用".agg( )"传入 np.sum( )对可运算的列的组进行求和
In [58]: df.groupby('A').agg(np.sum)
Out[58]:
```

```
            C         D
A
bar   -0.118392   1.041757
foo    1.739541   1.643936
```

```
# 按 A 列分组
In [58]: df.groupby('A').agg('C':np.sum,'D':np.sum)
Out[58]:
            C         D
A
bar   -0.118392   1.041757
foo    1.739541   1.643936
```

3.3.9 时间数据的相关操作

1. 转换

df.time = df.time.astype('datetime64')　#将时间字符串转换成时间格式

2. 获取

df.time.dt.year #获取年

df.time.dt.month #获取月

df.time.dt.day #获取天

df.time.dt.hour #获取小时

df.time.dt.minute #获取分钟

df.time.dt.second #获取秒

df.time.dt.date #获取短日期格式

df.time.dt.time #获取时分秒格式

df.time.dt.quarter #季节

df.time.dt.dayweek #星期

df.time.dt.dayofyear #获取是一年中的第几天

df.time.dt.daysinmonth #返回所在月的天数

df.time.dt.isocalender().week #获取日期是所在年的第几周

df.time.dt.month_name() #获取月的名字

dt.time.dt.day_name() #获取天的名字

3. 判断

df.time.dt.is_month_start/df.time.dt.is_month_end #判断是月初还是月末

df.time.dt.is_year_start/df.time.dt.is_year_end #判断是年初还是年末

```
df.time.dt.is_quarter_start/df.time.dt.is_quarter_end # 判断是季度初还是季度末
df.time.dt.is_leap_year #判断是否是闰年
```

4. 计算

```
df.time.dt.round('H') #按小时四舍五入 10:10 ->10:00 , 10:50 ->11:00
df.time.dt.floor('H') #按小时向下取整
df.time.dt.ceil('H') #按小时向上取整
```

3.4 数据清理

采用 Wi-Fi 探针技术进行定位数据采集方式的缺点是会收集到大量干扰信息，其主要有：①凡是具有 Wi-Fi 功能的设备均会被纳入定位对象中。②采集数据的重点是区域内的行动轨迹，而部分周边经过性质的瞬时数据会对主要数据造成干扰。③部分智能手机具有 MAC 信息隐私保护功能，会向外发送伪 MAC 地址而导致设备无法获取正确的定位信息。④受到信号干扰，部分定位信息获取不完全以至呈现片段式，对轨迹数据总体分析造成影响。本节将以时间顺序依次讲解针对 Wi-Fi 探针采集的数据的清理步骤。

3.4.1 清理异常 MAC 地址

MAC 地址也叫物理地址、硬件地址，由网络设备制造商生产时烧录在网卡的 EPROM 中。MAC 地址的长度为 48 位（6 个字节），通常表示为 12 个十六进制数，每 2 个十六进制数之间用冒号隔开，如"08：00：20：0A：8C：6D"，当十六进制数转换为十进制后则表示为"8：0：32：10：140：109"。Wi-Fi 探针所采集的部分 MAC 地址并没有十六个字节，判断为异常 MAC 地址，需要清洗掉。从数据库直接得到的 MAC 信息以数组形式组成，因此仅需要对数组长度进行判断即可。

```
df = df[df.m.apply(lambda x : True if len(x) == 6 else False)]
```

3.4.2 清理组播 MAC 地址和伪 MAC 地址

MAC 地址分为单播地址（Unicast Address）、多播地址或组播地址（Multicast Address/Group Address）和广播地址（Broadcast Address），其中单播地址表示单一设备、节点；组播地址表示一组设备、节点；广播地址是组播的特例，表示所有地址，并全用 F 表示：FF：FF：FF：FF：FF：FF。

MAC 地址的第一个字节二进制的第八个 bit 表示该 MAC 地址为单播地址还是组播地址，如 MAC 地址 54 - BF - 64 - 2B - 09 - 50，十六进制的 54 写成二进制为 01010100，单播地址的第八个 bit 一定为 0，即 MAC 地址的第一个字节一定是偶数，因此上述 MAC 地址为单播地址。

本节的直接探测对象为智能手机，而智能手机的 MAC 地址一般是单播地址，因此需要从获取的所有 MAC 地址中筛选出单播 MAC 地址。

```
df = df[df.m.apply(lambda x :True if x[0]%2 == 0 else False)]
```

获取到的 MAC 地址绝大部分是手机真实的 MAC 地址，但部分如采用 iOS 系统的手机出于用户隐私考虑会向外发送随机的伪 MAC 地址，对探测结果造成干扰。

根据 IEEE802 MAC 地址的定义，若 MAC 地址第一个字节从低位开始的第二个 bit 为 1（图 3.4.1），则表示该 MAC 地址类型为本地管理类型，本地管理类型 MAC 地址不保证是全局唯一的。随机的伪 MAC 地址一般采用本地管理类型的 MAC 地址。

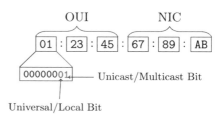

图 3.4.1　伪 MAC 地址的字节构成特征

```
#去除伪 MAC 地址
df['m_'] = df['m'].apply(lambda x:x[0])
#将十进制转换为二进制
df.m_ = df.m_.apply(lambda x: format(x,'04b'))
df


def isFakeMac(x):
    n = len(x)-2
    if x[n] == '1':
        return True
    else:
        return False
df = df[~df.m_.apply(isFakeMac)]
```

由于伪 MAC 地址往往是随机生成的，几乎不具有重复性，因此对采集总数据中只出现过一次的 MAC 地址进行清除即能够清除掉伪 MAC 地址，采用 Pandas 库中的 .duplicated() 方法能够快速分辨出只出现过一次的 MAC 地址。

```
df = df[df.duplicated("m",keep = False)]
```

3.4.3　清理带有 Wi-Fi 功能的智能家居等设备

随着智能化的普及，诸如智能家居、智能电器等家用设备同样具有 Wi-Fi 功能，且与智能手机一样能够被 Wi-Fi 探针所感知。可以通过这类设备的不可移动性来清除掉对应的 MAC 地址，如果一个 MAC 地址在整个探测周期中一直位于一个探针处，则将该 MAC 判断为智能家居等设备并清除。

结合 Pandas 和 Numpy 的 . groupby ( )，. value_ counts ( ) 和 . duplicated ( ) 方法即可得到只存在一个探针处的 MAC 名单（表 3. 4. 1）。

```
#获得只存在一次的 MAC 名单
list_count = df.groupby(['m']).a.value_counts()
dd =list_count.to_frame().rename(columns={'a':'A'}).reset_index()
mac_Once = dd[ ~ dd.duplicated('m', keep = False)].m.reset_index().drop('index',
axis = 1)
```

表 3. 4. 1 只存在一个探针处的 MAC 名单

序号	m
0	0, 0, 0, 161, 72, 135
1	0, 0, 0, 169, 212, 26
...	...
2412	96, 66, 127. 104 128, 34

```
# 删除 mac_Once 对应的 MAC 地址
df = df.loc[ ~df['m'].isin(mac_Once.m)]
```

3. 4. 4 清理居家数据

如果研究目标是人群在公共空间的行为活动，则需要清除长时间待在家里的人群的数据，以避免造成公共空间人群长时间停留的假象，此处将在一处地方停留超过 6 小时的对应 MAC 值判断为居家人群。

```
df['mark'] = list(range(0,len(list(df.index))))

#按 MAC 地址、探针号、时间进行分组
da=df.groupby(['m','a','t']).sum()

#创建一个集合来装 MAC 地址的名称,用于后续遍历
da=df.groupby(['m','a','t']).sum()

s1 =set(df['m'])
l1 =list(s1)
```

```
# l1 = [''']
listToSave = [ ]

# 对每个 MAC 地址的组进行遍历
for i in l1：
    # 每个 MAC 的组内按时间进行排序
    # daa 是一个 MAC 地址的所有分组信息
    daa = da.loc[i].sort_index(level=1)
    # 将每个 MAC 的信息放在一个 list 中
    l_eachmac = list(daa.index)
    # 最大时间跨度
    max_hour = pd.Timedelta(hours=6)
    # 在同一个地方附近的累计时间
    time_c1 = pd.Timedelta(days=0)

    count = 1
```

3.4.5 转换 RSSI 值

Wi-Fi 探针采集到的原始数据其中包含 r 值，即采集到的每个 MAC 地址对应的信号强度。此时 r 值是以十六进制形式保存（表 3.4.2），当转换为二进制后，第一个 bit 是符号位，之后 8 个 bit 为信号强度的二进制表达，需要将其转换为十进制。

表 3.4.2　原始数据中的 r 值

序号	a	r	t	m
0	106	180	2021-04-15 23:45:43	0224 76, 153, 98, 161
1	106	181	2021-04-15 23:46:09	0, 224, 76, 153, 98, 161
2	106	179	2021-04-15 23:47:27	0, 224, 76, 153, 98, 161
3	106	163	2021-04-15 23:47:27	168, 156, 237, 170, 42, 212
4	106	168	2021-04-15 23:47:40	018, 23, 5, 251.66

```
# 将二进制转换为十进制
def bin2dec(b)：
    number = 0
    counter = 0
    for i in b[::-1]：
        number += int(i) * (2 ** counter)
```

```
        counter += 1

    return number
```

#判断正负
```
def Rssi2dec(r):
    n = bin2dec(r[1:8])
    if r[0] == '0':
        return n
    else:
        return -n
```

```
df.r = df.r.apply(Rssi2dec)
```

经过上述步骤后，最终可得到初步清洗后的原始数据，此时数据如表3.4.3所示。

表 3.4.3　转换后的信号强度值

Mac 地址	探针编号	时间	信号强度
180，251，xxx，xxx，1，124	108	2021-04-17 06:06:17	-34
180，252，xxx，xxx，4，124	14	2021-0417 07:55:54	-33
...	...	...	...
180，251，xxx，xxx，1，124	108	2021-04-17 21:42:01	-36

第四章
数据可视化

4.1 可视化工具 Matplotlib 简介

数据可视化，是指用图形的方式来展现数据，从而更加清晰有效地传递信息。可视化的主要设计内容包括图表的类型选择和数据的表达样式两个方面。通过数据可视化工具，能以一种简便易用的方式将复杂的数据呈现出来，帮助用户更容易理解这些数据，也就更容易做出决策。目前的可视化工具有很多，本章主要介绍 Matplotlib。

Matplotlib 是 Python 中最常用的可视化工具之一，可以非常方便地创建海量类型的 2D 图表和一些基本的 3D 图表，可根据数据集（DataFrame，Series）自行定义 x，y 轴，绘制图形（线形图、柱形图、直方图、密度图、散点图等），可满足大部分的数据可视化需求。

4.1.1 安装和使用

使用 Python 中的匹配命令安装是比较简单的方式。在 Python 安装目录的根目录下使用以下命令进行安装，并在相应的编译器中配置好环境：

```
pip install matplotlib
```

在使用上，Matplotlib 通常与 NumPy 和 SciPy（Scientific Python）相结合，广泛用于替代 MATLAB，是一个强大的科学计算环境，有助于通过 Python 学习数据科学或者进行机器学习。

4.1.2 绘图接口

用 Matplotlib 绘制可视化图表，主要有 3 种接口形式：

（1）Plt 接口，例如常用的 plt. plot（），用官方文档的话来说，它是 Matplotlib 的一个 state-based 交互接口，相关操作不面向特定的实例对象，而是面向"当前"图。

（2）面向对象接口，这里的面向对象主要是指 Figure 和 Axes 两类对象。Figure 提供了容纳多个 Axes 的画板，而 Axes 是所有图标数据、图例配置等绘图元素的容器。面向对象的绘图，就是通过调用 Figure 和 Axes 两类实例的方法完成绘图的过程（当然，Figure 和 Axes 发挥的作用是不同的）。通俗地说，就是将 Plt 中的图形赋值给一个 Figure 或 Axes 实例，方便后续调用操作。

（3）Pylab 接口，如前所述，其引入了 Numpy 和 Pyplot 的所有接口，自然也可用于绘制图表。其仍然可看做是 Pyplot 的接口形式。因其过于庞大，官方不建议使用。

4.1.3 基本绘图流程

1. 图像结构（图 4.1.1）

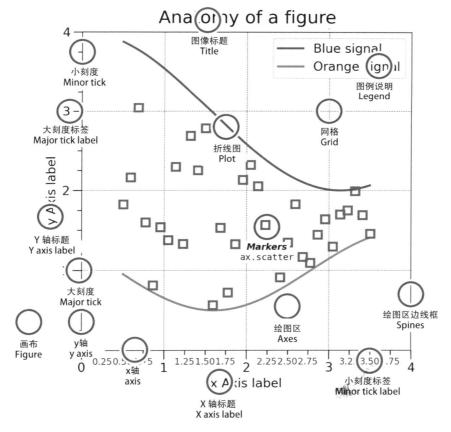

图 4.1.1　Matplotlib 图像结构

通常情况下我们可以将 Matplotlib 图像分为三层结构：

（1）底层的容器层：主要包括 Canvas（画板）、Figure（画布、图片）、Axes（图表）。一个 Axes 代表一个图表，包含一个 Plot；一个 Figure 代表一张画布绘制一张图片，一张图片或一张画布可以有多个图表；Canvas，摆放画布的工具。关系为：画板→画布或图片→线条、饼图等图片。

（2）辅助显示层：主要包括 Axis 坐标轴、Spines、Tick、Grid、Legend、Title 等，该层可通过 set_ axis_ off（）或 set_ frame_ on（False）等方法设置为不显示。

（3）图像层：即通过 Plot、Contour、Scatter 等方法绘制的图像。

2. 绘图流程

用 Matplotlib 绘图一般分为三个步骤。下面以 Plt 接口绘图为例（图 4.1.2），面向对象接口的绘图流程完全一致，仅个别接口方法名略有改动。

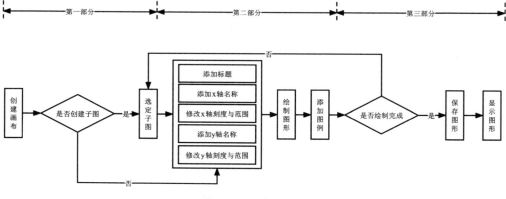

图 4.1.2　绘图流程

（1）导入模块。

```
import matplotlib. pyplot as plt
```

也可以将 Numpy 一并导入：

```
import numpy as np
```

（2）创建画板。

```
fig = plt. figure( figsize＝(13,10))
```

创建画板，包括创建 Figure 和 Axes 对象，常用的有 3 种方法：

Plt. figure，接收一个元组作为 Figsize 参数以设置图形大小，返回一个 Figure 对象用于提供给画板。

Plt. axes，接收一个 Figure 或在当前画板上添加一个子图，返回该 Axes 对象，并将其设置为"当前"图，缺省时会在绘图前自动添加。

Plt. subplot，主要接收 3 个数字或 1 个 3 位数（自动解析成 3 个数字，要求解析后的数值合理）作为子图的行数、列数和当前子图索引，索引从 1 开始（与 MATLAB 保存的一致），返回一个 Axes 对象用于绘图操作。这里，可以理解成是先隐式地执行了 plt. figure，然后在创建的 Figure 对象上添加子图，并返回当前子图实例。

（3）创建子图，并选定子图。

```
fig.add_subplot(221) #创建2*2的子图,并选中第一个
```

（4）添加标题。

```
plt.title('考试成绩图')
```

（5）添加 x 轴名称。

```
plt.xlabel("学号")
plt.ylabel("成绩")
```

（6）输入数据。

```
x=[1,2,3,4,5]
y=[68,89,78,95,81]
```

（7）绘制线图。

```
plt.plot(x,y,label="成绩")
```

（8）完成绘制（图4.1.3）。

```
plot.show
```

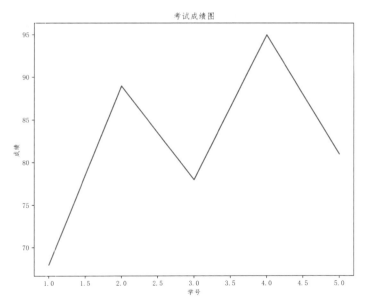

图 4.1.3　折线图效果

4.1.4 基础语法

1. 绘图属性设置

plt. plot(x,y,color='',marker='',linestyle='')

color：颜色，例如 color='r'，表示红色。

marker：绘图标记，例如 marker='o'，表示实心圆；marker='.'，表示点；marker='v'，表示下三角形。

linestyle：绘图线，例如 linestyle = 'dotted'，表示点虚线；linestyle = 'solid'，表示实线；linestyle = 'dashdot'，表示点划线。

2. 网格线

matplotlib. pyplot. grid(b=None,which='major',axis='both', ** kwargs)

b：可选，可赋布尔值，默认为 None，true 为显示网格线，false 为不显示，如果设置了 ** kwargs 参数，则值为 true。

which：可选，可选值有 'major'、'minor' 和 'both'，默认为 'major'，表示应用更改的网格线。

axis：可选，用于设置显示哪个方向的网格线，可以取 'both'（默认）、'x'、'y'，后两者分别表示 x 轴方向或 y 轴方向。

** kwargs：可对 color、linestyle 和 linewidth 赋值，分别表示网格线的颜色、样式和宽度。

3. 绘制多图

我们可以使用 Pyplot 中的 subplot（）和 subplots（）方法来绘制多个子图。

subplot：subplot(nrows, ncols, index, * * kwargs)

以上函数将整个绘图区域分成 nrows 行和 ncols 列，然后以从左到右、从上到下的顺序对每个子区域进行编号 1，…，N，左上的子区域的编号为 1、右下的子区域编号为 N，编号通过参数 index 来设置。例如，plt. subplot（1，2，1）表示为一行两列区域第一行第一列的子图。试举例绘制拆线图，代码如下，效果如图 4.1.4 所示。

```
import matplotlib. pyplot as plt
import numpy as np
# plot 1：
xpoints = np. array（[0, 6]）
ypoints = np. array（[0, 100]）
plt. subplot(1, 2, 1)
plt. plot( xpoints,ypoints)
```

```
plt.title("plot 1")
#plot 2:
x = np.array([1, 5, 13, 22])
y = np.array([1, 8, 10, 18])
plt.subplot(1, 2, 2)
plt.plot(x,y)
plt.title("plot 2")
plt.suptitle("subplot Test")
plt.show()
```

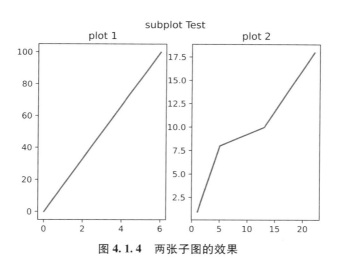

图 4.1.4　两张子图的效果

4.1.5　常用图表

本节将介绍散点图、柱形图以及饼图的绘图要点。

1. 散点图

可以使用 Pyplot 中的 scatter() 方法来绘制散点图。

scatter() 方法的语法格式如下：

matplotlib.pyplot.scatter(x,y,s=None,c=None,marker=None,cmap=None,norm=None,linewidths=None,edgecolors=None,plotnonfinite=False,**kwargs)

x，y：长度相同的数组，也就是即将绘制散点图的数据点，输入数据。

s：点的大小，默认为 20，也可以是数组，数组中每个参数为对应点的大小。

c：点的颜色，默认为蓝色 'b'，也可以是用 RGB 或 RGBA 二维行数组赋值。

marker：点的样式，默认为小圆圈 'o'。

cmap：颜色条，默认为 None，可输入对应的颜色名称。

norm：颜色亮度，默认为 None，在 0~1 之间，只有 c 是浮点数的数组时才使用。

linewidths：标记点的长度。

edgecolors：颜色或颜色序列，默认为 'face'，可选值有 'face'，'none'，None。

** kwargs：其他参数。

绘制散点图代码如下，效果如图 4.1.5 所示。

```
import matplotlib.pyplot as plt
import numpy as np
x = np.array([1, 2, 3, 4, 5, 6, 7, 8])
y = np.array([1, 4, 9, 16, 7, 11, 23, 18])
sizes = np.array([20,50,100,200,500,1000,60,90])
colors=np.array(["red","green","black","orange","purple","beige","cyan","magenta"])
plt.scatter(x, y, s=sizes, c=colors)
plt.show()
```

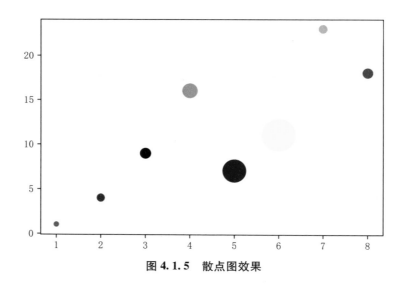

图 4.1.5　散点图效果

2. 柱形图

我们可以使用 Pyplot 中的 bar（）方法来绘制柱形图。

bar（）方法的语法格式如下：

```
matplotlib.pyplot.bar(x,height,width=0.8,bottom=None,align='center',data=None,**kwargs)
```

x：浮点型数组，柱形图的 x 轴数据。

height：浮点型数组，柱形图的高度。

width：浮点型数组，柱形图的宽度。

bottom：浮点型数组，底座的 y 坐标，默认为 0。

align：柱形图与 x 坐标的对齐方式，'center' 以 x 位置为中心，这是默认值。'edge'：将柱形图的左边缘与 x 位置对齐；要对齐右边缘，可以赋负的宽度值。

＊＊kwargs：其他参数。

绘制柱形图，代码如下，效果如图 4.1.6 所示。

```
import matplotlib.pyplot as plt
import numpy as np
x = np.array(["Bar-1","Bar-2","Bar-3","Bar-4"])
y = np.array([12, 22, 6, 23])
plt.bar(x,y,color=["#4CAF50","#65a479","#88c999","#556B2F"],width=0.5)
plt.show()
```

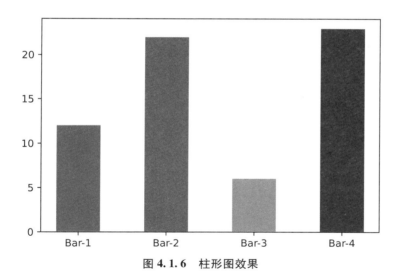

图 4.1.6　柱形图效果

3. 饼图

我们可以使用 Pyplot 中的 pie（）方法来绘制饼图。

pie（）方法的语法格式如下：

```
matplotlib.pyplot.pie(x, explode=None, labels=None, colors=None, autopct=None,
pctdistance=0.6, shadow=False, labeldistance=1.1, startangle=0, radius=1, wedgeprops=
None,textprops=None,center=0,frame=False,＊＊kwargs)
```

x：浮点型数组，表示每个扇形的面积。

explode：数组，表示各个扇形之间的间隔，默认值为 0。

labels：列表，显示各个扇形的标签，默认值为 None。

colors：数组，表示各个扇形的颜色，默认值为 None。

autopct：设置饼图内各个扇形百分比的显示格式，%d%% 整数百分比，%0.1f 一位小数，%0.1f%% 一位小数百分比，%0.2f%% 两位小数百分比。

labeldistance：标签标记的绘制位置，为相对于半径的比例，默认值为 1.1，如<1 则绘制在饼图内侧。

pctdistance：类似于 labeldistance，指定 autopct 的位置刻度，默认值为 0.6。

shadow：布尔值 True 或 False，用以设置饼图的阴影，默认值为 False，不设置阴影。

radius：设置饼图的半径，默认值为 1。

startangle：起始绘制饼图的角度，默认值为从 *x* 轴正方向逆时针画起，如设定 = 90 则从 *y* 轴正方向画起。

wedgeprops：字典类型，默认值为 None。参数字典传递给对象 wedge 用来画一个饼图。例如，wedgeprops = {'linewidth'：5}，设置 wedge 线宽为 5。

textprops：字典类型，默认值为 None。传递给对象 text 的字典参数，用于设置标签（labels）和比例文字的格式。

center：浮点类型的列表，默认值为（0，0）。用于设置图标的中心位置。

frame：布尔类型，默认值为 False。如果是 True，则绘制带有表的轴框架。

绘制饼图代码如下，效果如图 4.1.7 所示。

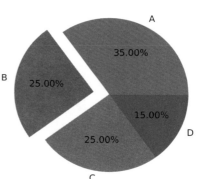

图 4.1.7　饼图效果

```
import matplotlib.pyplot as plt
import numpy as np
y = np.array([35, 25, 25, 15])
plt.pie(y,
        labels=['A','B','C','D'], #设置饼图标签
        colors=["#d5695d","#5d8ca8","#65a479","#a564c9"], #设置饼图颜色
        explode=(0, 0.2, 0, 0), #第二部分突出显示,值越大,距离中心越远
        autopct='%.2f%%', #格式化输出百分比
        )
plt.title("Pie Test")
plt.show()
```

　　　　　　　　　　　　　　　　　　　　数字化建筑环境行为采集分析及应用 ⋮

4.1.6 图像展示在 Web 页面

本节介绍如何将网页后端生成的 Matplotlib 图像展示在前端的页面上。

1. 使用 mpld3 包

这是一个相对简单并且改动较小的方法，只需要在后端改动 Import 就可以，具体使用方法可以参照官方教程。

需要注意以下问题：

（1）不适合大数据可视化的处理。当图像超过几千个元素时，前端展示的图像会有一定的模糊。

（2）使用时必须联网。

（3）一些 Matplotlib 的方法在 Mpld3 中缺失。

2. 保存在网页服务器的 Static 目录下

该方法易于实现。首先将网页后端的图像保存到后端服务器的 Static 目录，前端再从 Static 目录读取图片进行展示。

需要注意以下问题：

（1）无法判断响应时间。因为后端生成图片的时间未知，所以只能采用在前端延时展示，这样浪费时间资源。

（2）前后端分离的项目中，前端访问后端的 Static 目录路径不方便。

3. 使用请求的方式将图像传到前端

该方法将图像以请求的方式传到前端，前端只需将〈img〉标签的 src 属性赋值为后端的请求路径即可。在后端生成完图像后即发送给前端，无需设置延时获取图像。

需要注意以下问题：

（1）项目中后端获取前端的请求后需要返回两个请求，一个是表格数据，一个是图像，这样代码就比较冗余。

（2）由于 Matplotlib 生成的图像有白边，只有加上 fig. savefig（'a. png'，bbox_inches='tight'，pad_inches=0.0）这句代码才能去除白边，而发送请求只能发送 fig，所以前端显示的图像有白边。

4.2 时间维度

4.2.1 各时点平均人数变化折线图

本节将以某村落 21 d 的 Wi-Fi 探针数据为例，介绍如何在 Jupyter Notebook 上用 Pandas 处理 Wi-Fi 探针数据，并用 Matplotlib 绘制反映各个时刻人数平均值变化的折线图（图 4.2.1）。该图的 x 轴表示 9 时到 22 时的各个整点，y 轴代表该时点的平均人数，因此，我们要从收集到的 Wi-Fi 探针数据中计算出各时点的平均人数。

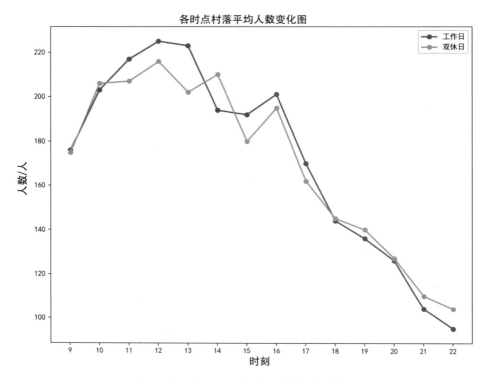

图 4.2.1 每小时村落平均人数变化折线图

　　图 4.2.1 可用于分析区域中各个时刻的人数平均值变化情况。在本案例中，按日期将数据分为工作日和双休日两组，以 9 时到 18 时代表白天，18 时到 22 时代表夜间。从图中可以得出以下结论：（1）白天人数总体高于夜间人数，代表白天村中有许多游客到访，夜间大部分游客离去；（2）工作日和双休日各个时刻的平均人数相差不大，表明游客到访时间与工作日、双休日关联性不强；（3）村中人数在 12 时到达波峰，表示在村中用午餐的人数可能较多。下面是该图的数据处理和绘制方法。

1. 导入模块

　　导入 Pandas、Numpy、Os、Matplotlib. Pyplot、Matplotlib、Datetime、Time 模块。

```
import pandas as pd
import numpy as np
import os
%matplotlib inline
import matplotlib. pyplot as plt
import matplotlib as mat
```

```
import datetime
import time


#忽略警告
import warnings
warnings.filterwarnings('ignore')
```

2. 数据处理

（1）读取数据

用 Pandas 的 pandas.read_csv（file path）函数将清洗后的 csv 文件读取为 DataFrame 格式，此处命名为 df。在 Jupyter Notebook 的单元格末尾输入想要显示的数据内容名称，则运行后会显示该数据的内容。此处在单元格末尾输入 df，可以看到 df 共有 1 022 881 行 3 列数据（表 4.2.1），其中，a 列表示探针的编号；time 列代表记录该条数据的时间（原始数据为时间戳，此处已经进行时间格式转换）；mac 列代表 mac 地址。

```
#读取清洗后的数据
df=pd.read_csv('F:\\example1\\村落 WiFi 探针数据.csv')
df
```

表 4.2.1　原始数据

序号	a	time	mac
0	88	2022-07-08 00:00:12	136, 191.228, 175.202.9
1	13	2022-07-08 00:00:13	64, 140, 31, 52, 191, 11
2	13	2022-07-08 00:01:31	64, 140, 31, 52, 191, 11
3	13	2022-07-08 00:01:44	64, 140, 31, 52, 191, 11
…	…	…	…
1 022 879	32	2022-08-07 23:51:44	124, 161, 119, 201.50.40
1 022 880	32	2022-08-07 23:52:49	124, 161, 119, 201.50.40

（2）区分工作日和双休日数据

区分工作日与双休日，即将日期中双休日和工作日的数据区分开形成新的 DataFrame。首先，使用将 df 中的 time 列的内容将字符串格式转换为 Pandas 的 Datetime 格式，以便于对日期进行处理。然后新增一列命名为"day"用于保存从"time"列中获取的"月—日"的信息；将双休日的日期存储在一个列表中用于后续选择。最后用 DataFrame.loc[ ] 选择 df 的"day"列中包含在 list_weekends 的行和所有列，生成新的 DataFrame，并命名为 df_weekends。同理选择"day"列中不含包在 list_weekends 中的行和所有列，生成只包含工作日数据的 DataFrame，命名为 df_weekdays。运行以下代码可以看到 df_weekends 的数据内容（表4.2.2）。

```
#将 time 列由字符串格式转换为 Pandas 的 Datetime 格式
df['time']=pd.to_datetime(df['time'])
```

```
#新增一列名为 day 的列用于记录×月×日
df['day']=df['time'].apply(lambda x:x.month).astype(str)+'-'+df['time'].apply
(lambda x:x.day).astype(str)
```

```
#创建一个列表用于保存属于双休日的日期
list_weekends=['7-10','7-24','7-30','7-31','8-6','8-7']
```

```
#选取 day 列中包含在双休日日期列表中的所有行,生成新的 DataFrame,即 df_weekends
df_weekends=df.loc[df['day'].isin(list_weekends),:]
```

```
#选取 day 列中未包含在双休日日期列表中的所有行,生成新的 DataFrame,即 df_weekdays
df_weekdays=df.loc[~df['day'].isin(list_weekends),:]
```

```
df_weekends
```

表 4.2.2 区分双休日和工作日

序号	a	time	mac	day
25 136	33	2022-07-10 00:00:00	112, 138.9, 131, 175, 199	7~10
25 137	33	2022-07-10 00:00:13	48, 69, 150, 180.24, 101	7~10
25 138	33	2022-07-10 00:00:13	112. 138.9, 131, 175 199	7~10
...	...	...	...	
1 022 879	32	2022-08-07 23:51:44	124. 161. 119, 201. 50. 40	8~7
1 022 880	32	2022-08-07 23:52:49	124 161, 119, 201, 50. 40	8~7

（3）对每天每小时的 MAC 地址进行去重

Wi-Fi 探针记录的数据中一个 MAC 地址代表一部设备，也代表一个人，同一个 MAC 地址会有多条记录数据，因此计算每天每小时的人数即计算每天每小时去重后的 MAC 地址数。

首先新增一列名为"day_hour"的列用以保存每行数据的"月—日—时"时间信息；使用 groupby() 函数对"day_hour"列和"mac"列进行聚合，即将该两列内容相同的行合并成为一组，同时须为其他列指定用于合并的函数。分组后的每一组代表该天该小时内的一个人（表4.2.3）。

df_weekends['day_hour']=df_weekends['day']+'-'+df_weekends['time'].apply
(lambda x:x.hour).astype(str)

df_weekends1=df_weekends.groupby(['day_hour','mac']).sum()

df_weekends1

表4.2.3　MAC地址去重

day_hour	mac	a
7-10-0	104，160，62，174，96，98	3 087
	104，74，174，67，128，132	190
	108，135，25，15，123，144	64
...	...	...
8-7-9	88 214，151 126，55 223	8 364
	92，102，108，72，204，105	2 154

（4）计算所有日期各个小时的总人数

df_weekends1 中已经包含了每天每小时的人数，计算所有日期各小时的数据，只需要根据时刻分组统计即可。用 reset_index() 将 df_weekends1 的多级索引转换为单级索引，从"day_hour"列中提取时点数据，形成新的一列"hour"。新增一列"count"赋值为1，用于对人数进行统计。最后按"hour"列进行分组聚合，聚合后的 count 列即代表所有日期该小时内的总人数（表4.2.4）。

df_weekends1=df_weekends1.reset_index()

df_weekends1['hour']=df_weekends1['day_hour'].apply(lambda x:x[-2]+x[-1])

df_weekends1['count']=1

df_weekends1=df_weekends1.groupby('hour').agg({'count':'sum'})

df_weekends1.head()

表4.2.4　所有日期各小时总人数

hour	count
-0	313
-1	292
-2	252
-3	248
-4	219

（5）计算每个小时内的平均人数

在 df_weekends1 上新增一列命名为"days"并赋值为 6（案例数据的双休日天数），用 df_weekends1 的"count"列除以"days"列，即可得到每小时的平均人数。将"weekend_aver"列的数据用 list 存储起来，并命名为 peoWeekend，选取 9 到 22 时的数据用于后续画图。用相同的方法对工作日的数据进行处理，并得到存储工作日 9 到 22 时每小时平均人数的 list，即 peoWeenkday。

```
df_weekends1['days']=6
df_weekends1['weekend_aver']=df_weekends1['count']/df_weekends1['days']
poeWeekend=list(df_weekends1['weekend_aver'])
poeWeekend=poeWeekend[9:23]
```

3. Matplotlib 画图

用 9 到 22 时的时刻作为 x 轴、人数为 y 轴绘制各时点村落平均人口折线图。首先创建图实例并指定图的尺寸，用 axes. plot（）函数分别绘制工作日与双休日的折线图。传入 x 轴与 y 轴的值，将该函数的参数 label 赋值为"工作日"或"双休日"作为折线图的图例；参数 marker 表示折线图中点的显示样式；"o"代表以圆点的形式显示；用参数 linewidth 将线宽设为 2。然后对图中的文字和标签等进行编辑。调用 Axes 的 set_xlable（）/set_ylable（）函数可以设置 x 轴与 y 轴的名称；调用 set_title（）函数设置图名；调用 legend（）函数将自动检测图例并显示；调用 plt. show（）即可显示所绘制的图像；调用 fig. savefig（）函数设置保存路径和图像的 DPI 即可导出图片。

```
fig, ax = plt.subplots(figsize=(10,8)) #创建图实例
x=['9','10','11','12','13','14','15','16','17','18','19','20','21','22']
y1=poeWeekday
ax.plot(x, y1, label='工作日',marker='o',linewidth=2)


y2=poeWeekend
ax.plot(x, y2, label='双休日',marker='o',linewidth=2)


ax.set_xlabel('hour',fontsize=20) #设置 x 轴名称 x label
ax.set_ylabel('人数',fontsize=20) #设置 y 轴名称 y label
ax.set_title('各时点村落人数变化图',fontsize=20) #设置图名为 Simple Plot
ax.legend() #自动检测要在图例中显示的元素,并且显示


plt.show()
#保存图片
```

```
fig.savefig('1.png',dpi=300)
```

4.2.2 探针各时段数据量雷达图

对各个探针一天 24 h 内各时段的数据量进行统计，可以发现人对于该空间什么时候使用频率高，什么时候低，从而推测人对该空间的使用习惯。图 4.2.2 是将三个探针 21 d 内每天同一时段数据量相加的统计图，从图中可以看到 88 号探针在 18 到 21 时使用最为频繁；92 号探针仅在 19 到 22 时使用较为频繁，其他时间几乎无人使用；95 号探针在 6 到 9 时和 18 到 22 时使用最为频繁。

本节将以某村落 21 d 的 Wi-Fi 探针数据为例，介绍在 Jupyter Notebook 上用 Pandas 处理 Wi-Fi 探针数据，并用 Matplotlib 绘制出探针各时段的数据量雷达图（图 4.2.2）。

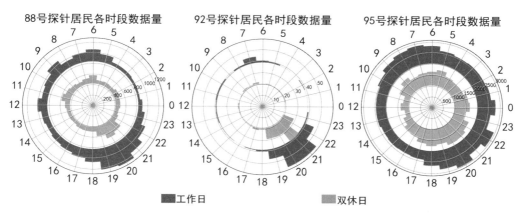

图 4.2.2　88、92、95 号探针工作日和双休日各时段数据量

1. 导入需要的模块

```
import pandas as pd
import numpy as np
import os
%matplotlib inline
import matplotlib.pyplot as plt
import matplotlib as mat
import datetime

#设置中文字体
mat.rcParams['font.family']='SimHei'
mat.rcParams['font.sans-serif']='SimHei'
```

```
# 忽略警告
import warnings
warnings. filterwarnings( 'ignore')
```

2. 数据处理

在绘制的图像中，内环为居民在双休日各个时段的数据量，外环为居民在工作日各个时段的数据量。首先，对读出的 csv 文件进行处理，以获取工作日和双休日各个时段的数据量。

```
# 读取工作日的数据
df=pd. read_csv( os. getcwd( )+'\\0813 清洗\\居民工作日 nos. csv')
df['count']=1
df['count1']=0
df_pl=df
df_pl['time']=pd. to_datetime( df_pl['time'])
# 新增'hour'列保存小时数字
df_pl['hour']=df_pl['time']. apply( lambda x:x. hour)
df_pl. head( )
# 对探针号、时间段进行分组求和,count 列的结果就是每个探针每个小时的数据量
gg=df_pl. groupby(['a','hour']). sum( )

# 读取双休日的数据
df1=pd. read_csv( os. getcwd( )+'\\0813 清洗\\居民双休日 nos. csv')
df1['count']=1
df1['count1']=0
df_pl1=df1
df_pl1['time']=pd. to_datetime( df_pl1['time'])
df_pl1['hour']=df_pl1['time']. apply( lambda x:x. hour)
df_pl1. head( )
gg1=df_pl1. groupby(['a','hour']). sum( )
```

3. 画图

使用 Matplotlib 进行画图。

```
# 获取探针号的列表
df_tz=df. groupby('a'). sum( )
list_tz=list( df_tz. index)

# 定义用于极坐标画图的参数
```

```
N＝24
# 角度
theta＝np.linspace(0.0,2*np.pi,N,endpoint＝False)
# 宽度
width＝2*np.pi/N


# 为每一个探针创建一个图形用于画图
list_ax＝[]
list_bars＝[]
for j in range(0,len(list_tz)):
    list_ax.append('ax%s'%(j))
    list_bars.append('bars%s'%(j))


# 创建画布,设置画布整体尺寸
fig＝plt.figure(figsize＝(15,40))
# 对各个探针循环进行画图
for i in range(0,len(list_tz)):
    tz＝gg.loc[list_tz[i]]
    tz1＝gg1.loc[list_tz[i]]


# 由于部分探针可能存在某些时段的数据缺失,导致程序报错
# 因此要对缺失值进行处理,补全缺失的时间段的数据,以方便画图
# 由于120号探针的时间段数据完整,这里选用120号探针为基础对其他探针号的时间段数据
进行补全
    b＝gg.loc[120]
    b＝b.reindex(columns＝['a'])
    tz＝pd.concat([b,tz],axis＝1,join＝'outer')
    tz＝tz.fillna(value＝0)

    tz1＝pd.concat([b,tz1],axis＝1,join＝'outer')
    tz1＝tz1.fillna(value＝0)

    # 将各时段数据量的平均值作为半径
    radii＝tz['count']/15
    radii1＝tz1['count']/6
```

```
# 此处投影选择"polar"极坐标系
    list_ax[i]=plt.subplot(6,3,i+1,projection='polar')

# 外圈工作日
list_bars[i]=list_ax[i].bar(theta,radii,width=width,
                            bottom=max(list(rad ii))*2,alpha=0.8)

# 内圈双休日
list_bars[i]=list_ax[i].bar(theta,radii1,width=width,
                            bottom=max(list(radii)),alpha=0.8)

# 设置极坐标系的刻度
    names=list(range(0,24))
    plt.xticks(theta,names,fontsize=20)

# 设置图名
    plt.title('%s 号探针居民各时段数据量 '%(list_tz[i]),fontsize=20)
```

4.3　空间维度

4.3.1　各探针总数据量与 MAC 地址数统计图

　　探针设备所记录的数据量和 MAC 地址数量代表的含义有所不同。探针设备间隔一段时间会自动记录覆盖区域内的设备的信息，包括 MAC 地址、信号强度、时间戳等信息，若使用移动设备的人在一个区域停留较长时间，则会留下多条数据信息，但该设备的 MAC 地址是不变的，因此 MAC 地址数能代表到过该区域的人数。

　　对各个探针区域的数据量和 MAC 地址数进行统计和可视化，并与地图进行叠加，可以发现各个区域的活跃度高低，同时可以统计到达各个区域的人数（图 4.3.1）。

　　1. 导入模块

```
import pandas as pd
import numpy as np
import os
%matplotlib inline
import matplotlib.pyplot as plt
import matplotlib as mat
```

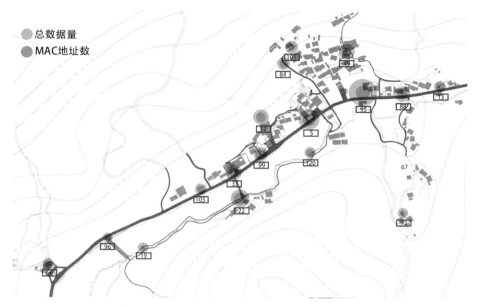

图 4.3.1　与地图叠加后的各探针总数据量与 MAC 地址数的散点图

import datetime

设置中文字体
mat. rcParams['font. family'] ='SimHei'
mat. rcParams['font. sans-serif'] ='SimHei'

# 忽略警告
import warnings
warnings. filterwarnings('ignore')

2. 数据处理

（1）对总数据量进行处理

# 读取清洗后的数据
df=pd. read_csv(os. getcwd( ) +' \\ CleanDataAll. csv')
# 删除缺失值
df1 =df. dropna(axis=0, how='any')
# 增加'count'列用于求和计数
df1['count'] =1

```
# 对探针号进行分组求和
df2=df.groupby('a').sum()

# 导入探针点的位置坐标
df_zb=pd.read_csv(os.getcwd()+'\\探针相对坐标.csv')
df_zb=df_zb.groupby('wifi').sum()

# 合并探针的数据量和坐标值
df_zb=df_zb.join(df2)
```

（2）对 MAC 地址数进行处理

```
dfmac=df1.groupby(['a','mac']).sum()
dfmac=dfmac.reset_index()
dfmac['count1']=1
dfmac1=dfmac.groupby('a').sum()
```

3. 画图

```
#用于区间映射的函数
def map_rate(X:list, to_min:float, to_max:float):
    x_min=min(X)
    x_max=max(X)
    return list([to_min+((to_max - to_min) / (x_max - x_min)) * (i -
                x_min) for i in X])
L=['5', '13', '19', '22', '32', '33', '49', '66', '84', '88', '92',
        '95', '96', '99', '101', '105', '120']
LX=list(df_zb['X'])
LY=list(df_zb['Y'])
#对数值区间进行映射
S=map_rate(list(df_zb['count']),7000,50000)

#创建 figure 和 axes
fig,ax=plt.subplots(figsize=(57.5,38.5))

#绘制数据量的散点
ax.scatter(list(df_zb['X']),list(df_zb['Y']),s=S,c='#ee5d19',alpha=0.4)
```

```
#绘制MAC地址数的散点
Smac=map_rate(list(dfmac1['count1']),5000/3,50000/4)
ax.scatter(list(df_zb['X']),list(df_zb['Y']),s=Smac,
            c='#ee5d19',alpha=1)


#绘制探针坐标点的散点
ax.scatter(list(df_zb['X']),list(df_zb['Y']),s=500,c='#03007d')


#在每个探针点上标注探针号
for i in range(0,len(L)):
    ax.text(LX[i],LY[i],L[i],fontsize=50)


ax.legend()


#保存图片,并指定图片dpi
fig.savefig(r'I:\总数据散点图.png',dpi=300)
```

4.3.2　各探针区域平均停留时长

当一个人携带移动设备在探针探测区域停留时,探针设备会连续不断地记录该设备的信息,直到设备离开该探针的探测区域,因此,对于在一个探针区域内同一MAC地址连续出现的数据,用最后一次出现在该区域的时间减去首次出现在该区域的时间,就可以得到该设备在此区域内的停留时长。

人在一个区域内的停留时长可以评估该空间的功能和对人的吸引力,从而发现空间中存在的问题,指导设计师进行针对性的改造。

1. 数据处理

（1）读取数据

```
df1=pd.read_csv(os.getcwd()+'\\清洗后数据.csv')
df1['count']=1
```

（2）计算连续停留在一个探针区域内的时间长度

在收集到的总数据中,每个MAC地址到达过的探针区域很多,但时间是连续的。为了计算在每个区域的停留时长,需要对数据进行分组处理。首先将每个MAC地址的数据分为一组,每组数据中包含每个MAC地址的连续的轨迹数据。然后对每组内的探针号再进行分组,这次组中的时间跨度就是我们需要计算的停留时长。按时间进行第三层级的分组,在组中保留时间数据。分组之后,对每个MAC地址在每个区域停留的时间进行单独处理以更加易于计算，最后将各个 MAC 地址分开处理的结果进行合并，用在各个探针点区域停留的总时长除以到达该区域的次数即可得到该区域的平均停留时长。

```
# 分组，第一层级按 MAC 地址进行分组，即每个大组内是一个 MAC 的完整轨迹数据
df2=df1.groupby(['mac','a','time']).sum()
```

```
# 获取 MAC 地址的列表用于遍历
    df3=df1.groupby('mac').sum()
    list_mac=list(df3.index)
    list_df=[]


    # 遍历 MAC 地址，对每条 MAC 进行处理
for i in list_mac:
        te=df2.loc[i]
        # 按时间排序，得到该 MAC 依次经过的探针区域
        te=te.sort_index(level=1)


        # 获取该 MAC 的时间数据
        list_t=[]
        for j in range(0,len(te.index)):
            list_t.append(te.index[j][1])


        # 新建一列，名为 time，表示当前时间
        te['time']=list_t


        list_time=list(te['time'])
        list_time.append(list_time[-1])
        list_time.remove(list_time[0])
        # 新建一列，名为 time1，表示当前数据的下一条数据被记录的时间
        te['time1']=list_time
        te['time']=pd.to_datetime(te['time'])
        te['time1']=pd.to_datetime(te['time1'])


        # 'time1' - 'time' 为当前时间点和在下一个被记录的时间点的时差
        te['停留时间']=te['time1']-te['time']
        te['停留时间']=te['停留时间'].apply(lambda x:
```

```
x.days * 24+x.seconds/3600)
        te.index=te.index.droplevel(1)
        te=te.reset_index( )

        #增加 mark 列,表示连续相同的探针区域
        te['mark']=(te['a'].shift( )!=te['a']).cumsum( )
        te=te.loc[te['mark'].duplicated(keep='last'),:]
        te['c']=1

        #分组求和
        tee=te.groupby(['mark','a']).sum( )
        tee=tee.loc[tee['c']>1,:]
        tee.index=tee.index.droplevel(0)

        list_df.append(tee)
#将每个 MAC 处理完成的数据进行合并
    df3=pd.concat(list_df)

    #该 MAC 地址只在一个探针处出现 1 次的数据将被删除
    df3=df3.loc[(df3['停留时间']>0),:]

    #筛选小于 4h 的数据,清除睡觉和待在室内的数据
    df3=df3.loc[df3['停留时间']<4,:]

    #计算各个区域的平均停留时长
    df3['次数']=1
    df4=df3.groupby('a').sum( )
    df4['平均停留时长']=df4['停留时间']/df4['次数']
    df4['平均停留时长']=(round(df4['平均停留时长'],3))*60

    df4=df4.reset_index( )
```

2. 画图

（1）散点图

绘制散点图需要先导入探针点的坐标数据，用 Axes.scatter( ) 绘制散点图时要传入 x 坐标的列表、y 坐标的列表、点的半径列表以及其他图形样式的相关参数

（图 4.3.2）。

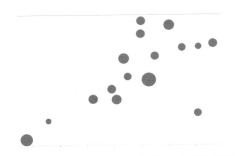

图 4.3.2　各探针区域平均停留时长散点图

tlsc_average＝list(round(df4['平均停留时长']))

```
# 导入坐标数据
df_zb＝pd. read_csv( os. getcwd( )+' \\ 探针相对坐标无19. csv')
df_zb＝df_zb. groupby( 'wifi'). sum( )

tlsc＝map_rate( tlsc_average, 8000, 50000)
df_zb[ 'tlsc']＝tlsc

# 创建画布
fig＝plt. figure( figsize＝( 57.5, 38.5) )
ax＝plt. subplot( 1, 1, 1)

ax. scatter( list( df_zb[ 'X'] ), list( df_zb[ 'Y'] ), list( df_zb[ 'tlsc'] ),
c＝'none', marker＝'o', alpha＝0.8, edgecolors＝'#e27000', linewidths＝10)
```

（2）条形图绘制（图 4.3.3）

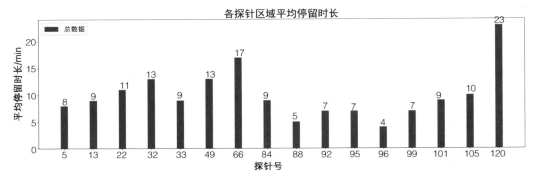

图 4.3.3　各探针区域平均停留时长条形图

数字化建筑环境行为采集分析及应用

```
#创建画布
fig,ax=plt.subplots(figsize=(25,7))

xlabel=list(df4['a'].astype(str))
x=np.arange(len(xlabel))
width=0.25

#绘制条形图
rec1=ax.bar(x,list(round(df4['平均停留时长'])),width,
            label='总数据',color='#af252c')

#设置x轴标签
ax.set_xticks(x,xlabel,fontsize=20)
#设置y轴字体大小
plt.yticks(fontsize=20)
#设置y轴名称
ax.set_ylabel('平均停留时长(min)',fontsize=20)
#设置图名
ax.set_title('各探针区域平均停留时长',fontsize=30)
#设置图例显示样式
ax.legend(loc="upper left",fontsize=20)
#显示条形图的具体数据
ax.bar_label(rec1,fontsize=20)
```

4.4　行为轨迹

MAC 的地理坐标与 Wi-Fi 探针坐标绑定，通过解析记录一个 MAC 地址的探针的变化，即可将该 MAC 的行为轨迹可视化。本节将介绍以日为单位的个体对象行动轨迹的绘制方法。

4.4.1　逐日区分 MAC 地址

因本节需要以日为单位绘制探测对象的行为轨迹，故即便是同一个 MAC 地址，出现在不同的日期中也将会被视作不同的 MAC 地址。为便于后期的数据提取，将每个 MAC 打上日期编号。

通过 Python 时间戳自带的 .month 和 .day 属性，能够快速地从每个 MAC 信息的时间中得到日期。在 DataFrame 中新建 "calender" 列用以储存日期信息（表 4.4.1）。

```
df['calender'] = df.t.apply(lambda x):
```

表 4.4.1 存储日期信息

序号	a	r	t	m	calender
1	22	−35	2022−07−05 23:49:36	252, 107, 240, 89, 142, 53	7.5
2	22	−42	2022−07−05 23:49:36	164, 125, 159, 153, 152, 106	7.5
3	22	−38	2022−07−05 23:49:47	252, 107, 240, 89, 142, 53	7.5
...	...	...	...	...	...
1 916 099	66	−49	2022−08−07 23:51:14	88, 102186, 101, 140, 144	8.7
1 916 100	66	−48	2022−08−07 23:54:42	88, 102, 186, 101, 140, 144	8.7

通过 .iterrows() 方法遍历每一行记录，并将 MAC 信息打上日期，同时新建 "oriMac" 列储存原始的 MAC 值（表 4.4.2），便于后期检索。

```
for index, row in df.iterrows():
    df.loc[index, 'm'] = row['calender']+'-'+row.m
```

表 4.4.2 存储原始数据

序号	a	r	t	m	calender	oriMac
84 776	101	−35	2022−07−08 00:00:04	7.8 ~ 168, 152, 146, 10, 133, 107	7.8	168, 152, 146, 10, 133, 107
84 904	88	−48	2022−07−08 00:00:12	7.8 ~ 136, 191, 228, 175, 202, 9	7.8	136. 191, 228 175 2029
84 928	13	−36	2022−07−08 00:00:13	7.8 ~ 64, 140, 31, 52, 191, 11	7.8	64, 140, 31.52, 191.11
...	...	...	...	...	...	...
1 914 099	66	−49	2022−08−07 23:51:14	8.7 ~ 88, 102, 186, 101, 140, 144	8.7	88, 102, 186, 101, 140.144
1 916 109	66	−48	2022−08−07 23:54:42	8.7 ~ 88, 102, 186, 101, 140, 144	8.7	88, 102, 186, 101 140.144

4.4.2 轨迹还原

受限于 Wi-Fi 嗅探设备的铺设密度，初始数据仅能以 "点到点" 形式呈现，但在布置设备时综合考虑了设备之间路径的唯一性，同时，结合 Dijkstra 寻径算法计算出任意设备间的最短路径，便可以批量化的尽可能真实地还原每个被测目标在村落中真实的行动轨迹。

　　基于 Rhino 和 Grasshopper 平台，通过相应的程序开发，仅需将探测场地的所有路径通过 Curve 描出并标识探针点，程序便能自动解析出探针点以及每条路径经过点的相对坐标信息，为后续 Dijkstra 寻径提供基础数据（图 4.4.1）。

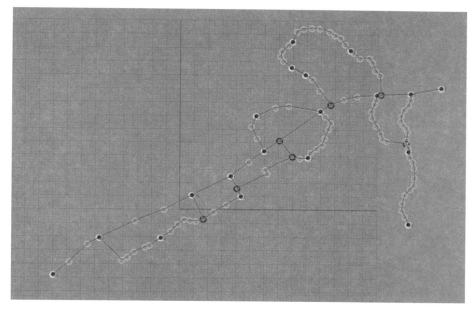

图 4.4.1　探针位置与路径

　　下面为基于 Grasshopper 平台的 Dijkstra 寻径算法的核心部分。在该算法中，将每个探针点视为一个对象，包含一个 PathRecorder 类，用来记录除该探针外的其他点的前驱点。联合每个点的前驱点，即可得到该探针点到任意其他点的最短路径。

```
private void Dijkstra( PathPoint pNow)
    {
            pNow. Passed = true;
            int count = pool. pool. Count − 1;
            while ( count > 0)
            {
                //寻找距离起点最近的点
                double tempDis = 10000000;
                int id = −1;
                for ( int m = 0; m < pNow. recorders. Count; m++)
```

```
                    }
            if ( pNow. recorders[ m ]. distance < tempDis && ！pNow. recorders
[ m ]. gotPath)
            {
                tempDis = pNow. recorders[ m ]. distance;
                id = m;
            }
        }

    if ( id == -1) break;//找不到点了,返回

    //找到点,并更新与该点有路径相接的别的点与起始点的距离
    pNow. recorders[ id ]. gotPath = true;
    pNow. recorders[ id ]. target. Passed = true;
    count--;

    PathPoint pp = pNow. recorders[ id ]. target;
    foreach ( Path path in pp. Paths)
    {
        PathPoint ppp =
path. GetAnotherPathPoint( pp );

        if ( ppp. Passed) continue;

        double tDis = path. Length +
pNow. recorders[ id ]. distance;
        //找到这个点的 recorder
        PathRecorder recorder =
pNow. GetRecorder( ppp);

        if (！recorder. gotPath &&
recorder. distance > tDis)
        {
            recorder. distance = tDis;//更新该点到起点的距离
            recorder. preP = pp;//更新前驱
```

```
                    }
                }
            }

        pool. ResetPassedPoint( );
```

最终，任意两个探针之间的最短路径以相对坐标的形式通过 csv 格式导出，通过 pandas. read_csv( ) 方法可将该文件读取成 DataFrame，结合 Matplotlib 将原始路径画出（图 4.4.2）。

	path	1	2	3	4	5	6	7	8	9	...	34
0	105->66	4.337:5.178	-5.472:-0.030	-15.736:-4.227	-28.528:-10.597	-32.674:-12.923	-39.045:-19.395	-44.758:-24.047	NaN	NaN	...	Na
1	105->96	4.337:5.178	-5.472:-0.030	-15.736:-4.227	-28.528:-10.597	NaN	NaN	NaN	NaN	NaN	...	Na
2	105->33	4.337:5.178	18.023:12.437	NaN	NaN	NaN	NaN	NaN	NaN	NaN	...	Na
3	105->5	4.337:5.178	18.023:12.437	24.452:17.638	29.879:21.631	35.305:25.624	49.844:36.723	NaN	NaN	NaN	...	Na
4	105->95	4.337:5.178	18.023:12.437	24.452:17.638	29.879:21.631	35.305:25.624	49.844:36.723	53.448:39.057	58.076:41.269	62.786:42.375	...	Na
...	...	...	...	...	...	...	...	...	...	...		
337	13->84	92.581:45.672	81.830:43.481	71.223:42.989	69.789:42.825	62.786:42.375	58.076:41.269	53.448:39.057	49.517:44.436	46.855:48.579	...	Na
338	13->101	92.581:45.672	81.830:43.481	71.223:42.989	70.908:50.366	69.192:52.087	68.187:55.049	67.023:56.618	63.691:56.512	61.347:58.487	...	Na
339	13->49	92.581:45.672	81.830:43.481	71.223:42.989	70.908:50.366	69.192:52.087	68.187:55.049	67.023:56.618	63.691:56.512	61.347:58.487	...	Na
340	13->67	92.581:45.672	81.830:43.481	81.830:41.509	81.145:39.482	79.523:37.754	78.553:35.515	78.377:33.523	79.117:32.219	80.298:30.949	...	Na
341	13->92	92.581:45.672	81.830:43.481	81.830:41.509	81.145:39.482	79.523:37.754	78.553:35.515	78.377:33.523	79.117:32.219	80.298:30.949	...	Na

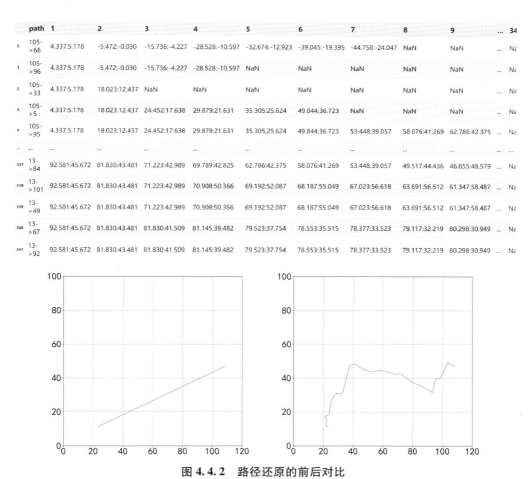

图 4.4.2　路径还原的前后对比

4.4.3　基于 Matplotlib 的轨迹绘制

1. 线性插值

行动轨迹产生的时间是行为模式分析中的重要变量。乡村道路结构相对单一，且居民日常生活规律性强，一天中的行动轨迹如仅在二维平面上表示则会有大量重合，导致时间信息无法呈现。将时间作为第三维度，并以不同色彩表示行动轨迹在一天中的时间分布，则时间信息就能体现在所绘制的轨迹图中。在理想情况下，行动轨迹发生的时间应当与颜色呈线性相关，而轨迹的呈线状的形状属性自然会让人想到采用折线图，即 plt. plot () 进行绘制。但由于 Matplotlib 的自身局限性，其折线图的单个线条只能是单一颜色，倘若一个行动轨迹只有一条线且跨越了多个时段，其时间属性就无法线性地通过颜色表达。如用点阵图(plt. scatter()) 代替折线图，在每一个轨迹起点和终点之间进行插值，使一条线段转化为多个点组成的点阵，点阵中每一个点可以根据发生的时间单独对颜色进行赋值，则可以较好地呈现轨迹发生时间与颜色的线性关系。

下面为插值算法的核心部分（Plot2Scatter 方法），传入的 x 为原本用来画折线图的坐标数组，方法中参数 interpolating 为插值数目，最终返回的 x 用以绘制点阵图。

```
def Plot2Scatter(x):
    X = x.copy()
    interpolating = 20
    plus = 0
    for i in range(0, len(X) - 1):

        a = X[i + plus]
        b = X[i + 1 + plus]

        interP = []
        for j in range(1, interpolating):
            interP.append(a + ((b - a) * (j / interpolating)))

        for m in range(0, len(interP)):
            X.insert(i + 1 + m + plus, interP[m])

        plus = plus + interpolating - 1
        i = i + len(interP)

    return X
```

2. 轨迹降噪

Wi-Fi 探针的探测范围受到多方面影响而无法对探测范围进行精准确定，当一个被测对象位于多个探针同时覆盖的区域时，其信号会同时被多个探针所感知，在数据列表中就会呈现出该 MAC 在不同探针间反复切换的现象，如不经过修正，该 MAC 会被识别为一直在运动的状态，与真实情况不相符。例如，在凌晨睡眠时段，部分被测对象的睡眠地点位于两个探针之间，则会出现该被测对象在凌晨时分一直在两地来回移动的假象。

如下是一个 MAC 地址在探针覆盖重合处数据的处理方式，如果该 MAC 当日在两个探针间来回移动超过一定次数，则判断这两个探针为"横跳点"，在之后绘制时将对应的坐标信息更新为两个横跳点的中间区域。该算法考虑了同时位于多个探针信号范围内的情况，以及一天中处于多个不同覆盖点（即不同探针的信号重合处）的情况。传入的方法 df 是一个 MAC 当日的 DataFrame 列表。

```python
#判断是否在反复横跳,并返回横跳的探针序号
def IsMiddleMac(df):
    pointA = []
    pointB = []
    transCount = []
    pos_Now = df.iloc[0].a

    for index, row in df.iterrows():
        if row.a != pos_Now and row.hour < 5 and row.hour > 1:
            #print('posNow:',pos_Now)
            #print('~')
            if len(pointA) == 0:
                pointA.append(pos_Now)
                pointB.append(row.a)
                pos_Now = row.a
                transCount.append(2)
            else:
                # 遍历是否是之前已储存的移动数据
                noRecord = True
                for i in range(len(pointA)):

                    if pointA[i] == pos_Now and pointB[i] == row.a:
                        pos_Now = row.a
                        transCount[i] += 2
                        noRecord = False
                        break
                    elif pointA[i] == row.a and pointB[i] == pos_Now:
                        pos_Now = row.a
```

```
                    transCount[i] += 2
                    noRecord = False
                    break

            if noRecord:
                pointA.append(pos_Now)
                pointB.append(row.a)
                pos_Now = row.a
                transCount.append(1)


elif row.a != pos_Now:
    # print('posNow:',pos_Now)
    # print('~')
    if len(pointA) == 0:
        pointA.append(pos_Now)
        pointB.append(row.a)
        pos_Now = row.a
        transCount.append(1)
    else:

        # 遍历是否是之前已储存的移动数据
        noRecord = True
        for i in range(len(pointA)):

            if pointA[i] == pos_Now and pointB[i] == row.a:
                pos_Now = row.a
                transCount[i] += 1
                noRecord = False
                break
            elif pointA[i] == row.a and pointB[i] == pos_Now:
                pos_Now = row.a
                transCount[i] += 1
                noRecord = False
                break

        if noRecord:
```

```python
            pointA.append(pos_Now)
            pointB.append(row.a)
            pos_Now = row.a
            transCount.append(1)

    #检索是否有切换次数过多的情况
    isMiddle = False
    pA = []
    pB = []
    for i in range(len(transCount)):
        if transCount[i] > 15:
            isMiddle = True
            pA.append(pointA[i])
            pB.append(pointB[i])

    return transCount, pA, pB
def GetMiddlePointFromPath(path):
    X_pos = []
    Y_pos = []

    path = df_path.loc[path]
    path = path.dropna()

    X1,Y1 = path[0].split(':')
    X2,Y2 = path[len(path)-1].split(':')
    X = (float(X1)+float(X2))/2
    Y = (float(Y1)+float(Y2))/2

    return X,Y
def GetMultBodyPoint(pA,pB):
    MultBody = []
    Head = []

    for i in (range(len(pA))):

        for j in(range(len(pA))):
```

```
            if j == i:
                continue
            if pA[i] == pA[j] :
                if pA[i] not in MultBody:
                    MultBody. append(pA[i])
                    Head. append(pA[i])
                if pB[i] not in MultBody:
                    MultBody. append(pB[i])
                    Head. append(pA[i])
                if pB[j] not in MultBody:
                    MultBody. append(pB[j])
                    Head. append(pA[i])
            if pA[i] == pB[j] :

                if pA[i] not in MultBody:
                    MultBody. append(pA[i])
                    Head. append(pA[i])
                if pB[i] not in MultBody:
                    MultBody. append(pB[i])
                    Head. append(pA[i])
                if pA[j] not in MultBody:
                    MultBody. append(pA[j])
                    Head. append(pA[i])
XX = []
YY = []
xx = 0
yy = 0
heads = pd. Series(Head). unique()

if len(MultBody) != 0:
    for h in range(len(heads)):
        count = 0
        for i in range(len(MultBody)):
            if Head[i] == heads[h]:
                count += 1
                xx += df_wifipos. loc[MultBody[i]]. X
                yy += df_wifipos. loc[MultBody[i]]. Y
```

数字化建筑环境行为采集分析及应用

```
XX. append(xx/count)

YY. append(yy/count)

xx = 0

yy = 0

count = 0

return MultBody, Head, XX, YY
```

降噪后，可以看到绘制出的行为轨迹具有更明显的行为特征（图4.4.3）。

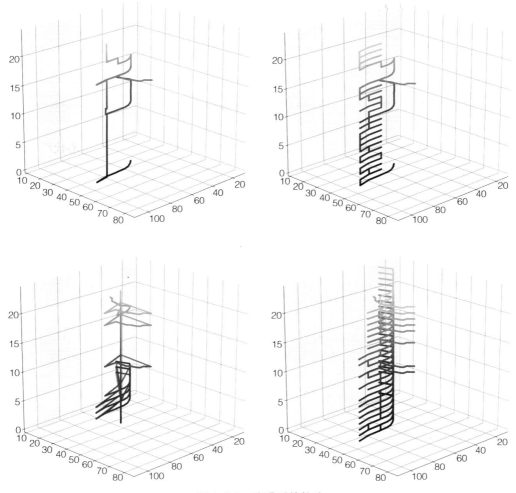

图 4.4.3　降噪后的轨迹

3. 轨迹转换及绘制

对数据进行清洗和整理后，能够得到每一个 MAC 每天的探针变化列表(表 4.4.3)，对应的即是 MAC 的坐标变换。在绘制轨迹图前需要将列表信息转换为坐标信息，该坐标信息的 x 轴和 y 轴代表该 MAC 的相对平面坐标，z 轴代表行为轨迹在一天中产生的时间。

表 4. 4. 3   轨迹转换

序号	a	r	t	m	calender	oriMac	hour
2	13	−36	2022−07−08 00: 00: 13	7.8~64,140,31,52,191,11	7.8	64,140,31,52,191,11	0
3	13	−60	2022−07−08 00: 01: 31	7.8~64,140,31,52,191,11	7.8	64,140,31,52,191,11	0
4	13	−54	2022−07−08 00: 01: 44	7.8~64,140,31,52,191,11	7.8	64,140,31,52,191,11	0
...	...	...	...	...	...	...	...
399 862	5	−31	2022−07−14 19: 22: 35	7.14~64,140,31,52191,11	7.14	64,140,31,52,191,11	19
400 109	88	−45	2022−07−14 21: 18: 38	7.14~64,140,31,52,191,11	7.14	64,140,31,52,191,11	21

下文是将列表信息转换为坐标信息，并通过 Matplotlib 绘制散点图的核心代码。

```
def Export3DMacTrackWithTable( mac, filepath):
    df_now = df_track[ df_track. m == mac]
    df_now = df_now. sort_values( by="t")

    isMiddle,pA,pB = IsMiddleMac( df_now)

    MBody,Head,XX,YY = GetMultBodyPoint( pA,pB)

    # 将时间作为第三维度的动线
    # new a figure and set it inti 3d
    fig = plt. figure( )
    ax = fig. gca( projection='3d')

    # set figure information
    ax. set_title( "")
    ax. set_xlabel( "")
    ax. set_ylabel( "")
    ax. set_zlabel( "")

    # draw the figure
```

```python
curPos = df_now.iloc[0].a
prePos = 0

if curPos in MBody:
    preT = df_now.iloc[0].hour
    h = Head[MBody.index(curPos)]
    index = pd.Series(Head).unique().tolist().index(h)
    posX = XX[index]
    posY = YY[index]
elif curPos in pA:
    preT = df_now.iloc[0].hour
    otherPos = pB[pA.index(curPos)]
    path_index = str(curPos) + "->" + str(otherPos)
    x, y = GetMiddlePointFromPath(path_index)
    posX = x
    posY = y
elif curPos in pB:
    preT = df_now.iloc[0].hour
    otherPos = pA[pB.index(curPos)]
    path_index = str(curPos) + "->" + str(otherPos)
    x, y = GetMiddlePointFromPath(path_index)
    posX = x
    posY = y

else:

    preT = df_now.iloc[0].hour
    posX = df_wifipos.loc[df_now.iloc[0].a].X
    posY = df_wifipos.loc[df_now.iloc[0].a].Y

X = []
Y = []
T = []
X.append(posX)
Y.append(posY)
T.append(preT)
```

```python
for index, row in df_now.iterrows():

    t = row.hour

    #时间发生了变化,但变化不大
    if t - preT < 5:
        X.append(posX)
        Y.append(posY)
        T.append(t)
        preT = t
        #如果发生了移动
        if row.a != curPos:
            isMiddle = False
            for i in range(len(pA)):
                if (pA[i] == row.a and pB[i] == curPos) or (pA[i] == curPos and
pB[i] == row.a):
                    isMiddle = True
                    #如果是横跳点之间的移动

            if isMiddle and row.a not in MBody:
                prePos = curPos
                curPos = row.a

                path_index = str(prePos) + "->" + str(curPos)
                x, y = GetMiddlePointFromPath(path_index)
                X.append(x)
                Y.append(y)
                T.append(t)
                posX = x
                posY = y

            elif isMiddle and row.a in MBody:
                prePos = curPos
                curPos = row.a
                h = Head[MBody.index(curPos)]
                index = pd.Series(Head).unique().tolist().index(h)
```

```
                X.append( XX[ index ] )
                Y.append( YY[ index ] )
                T.append( t )
                posX = XX[ index ]
                posY = YY[ index ]

        else:

                prePos = curPos
                curPos = row.a

                path_index = str( prePos ) + "->" + str( curPos )
                x, y, n = ExportPath( path_index )
                time = [ t ] * n

                X.extend( x )
                Y.extend( y )
                T.extend( time )
                posX = x[ len( x ) - 1 ]
                posY = y[ len( y ) - 1 ]


    #中途间隔过长
    else:
        preT = t
        prePos = curPos
        curPos = row.a
        posX = df_wifipos.loc[ row.a ].X
        posY = df_wifipos.loc[ row.a ].Y

cc = Plot2Scatter( T )
cc[ 0 ] = 0
cc[ len( cc )-1 ] = 24

ax.scatter3D( Plot2Scatter( X ),
                Plot2Scatter( Y ),
```

```
                    Plot2Scatter(T),
                    c=cc,
                    cmap='viridis',
                    edgecolor='none')
    plt.xlim(10, 110)
    plt.ylim(10, 85)
    ax.set_zlim(0, 24)

    ax.view_init(20, 45)
    ax.set_box_aspect(aspect=(1, 1, 1))

    plt.tight_layout(pad=0)

    plt.savefig(filepath, dpi=256, bbox_inches=None, pad_inches=0)
    plt.close(fig)
```

4.4.4　叠合轨迹

上述代码不仅能够绘制单个 MAC 的轨迹，经过一部分修改后，合并每个轨迹的 x 值、y 值和 z 值后，还可以叠加绘制出多个 MAC 的轨迹，在本节使用的实验数据中，绘制的轨迹可达千余条。仅仅将轨迹绘制出会产生重复过多的情况，导致无法读取到底有多少条轨迹在一个地点和时间重合，不能表达数据的群体特征。如果将轨迹重合越多的地方所绘制的点越大，则可使轨迹图显示更明显的特征。使用下面的方法导出每个 MAC 的坐标变化列表。

```
def Export3DMacTrack(mac):
    df_now = df_track[df_track.m == mac]
    df_now = df_now.sort_values(by="t")

    isMiddle,pA,pB = IsMiddleMac(df_now)

    MBody,Head,XX,YY = GetMultBodyPoint(pA,pB)


    # draw the figure
    curPos = df_now.iloc[0].a
    prePos = 0
```

```python
    if curPos in MBody:
        preT = df_now.iloc[0].hour
        h = Head[MBody.index(curPos)]
        index = pd.Series(Head).unique().tolist().index(h)
        posX = XX[index]
        posY = YY[index]
    elif curPos in pA:
        preT = df_now.iloc[0].hour
        otherPos = pB[pA.index(curPos)]
        path_index = str(curPos) + "->" + str(otherPos)
        x, y = GetMiddlePointFromPath(path_index)
        posX = x
        posY = y
    elif curPos in pB:
        preT = df_now.iloc[0].hour
        otherPos = pA[pB.index(curPos)]
        path_index = str(curPos) + "->" + str(otherPos)
        x, y = GetMiddlePointFromPath(path_index)
        posX = x
        posY = y

    else:

            preT = df_now.iloc[0].hour
            posX = df_wifipos.loc[df_now.iloc[0].a].X
            posY = df_wifipos.loc[df_now.iloc[0].a].Y
        # if curPos == pA or curPos == pB:
        # middleIni = True

    X = []
    Y = []
    T = []
    X.append(posX)
    Y.append(posY)
    T.append(preT)
```

```python
for index, row in df_now.iterrows():

    t = row.hour

    # 时间发生了变化但变化不大
    if t - preT < 5:
        # ax.plot([posX, posX], [posY, posY], [preT, t], color=time2color[t])
        X.append(posX)
        Y.append(posY)
        T.append(t)
        preT = t
        # 如果发生了移动
        if row.a != curPos:
            isMiddle = False
            for i in range(len(pA)):
                if (pA[i] == row.a and pB[i] == curPos) or (pA[i] == curPos
and pB[i] == row.a):
                    isMiddle = True
                    # 如果是在横跳点之间的移动
                    # print('isMiddle:', isMiddle)
                    # print('rowa:', row.a)
                    # print('curPos:', curPos)

            if isMiddle and row.a not in MBody:
                prePos = curPos
                curPos = row.a

                path_index = str(prePos) + "->" + str(curPos)
                x, y = GetMiddlePointFromPath(path_index)
                # time = [t] * n

                # ax.plot(x, y, time, color=time2color[t])
                X.append(x)
                Y.append(y)
                T.append(t)
```

```python
        # if middleIni:
        # X[0] = x
        # Y[0] = y
        # middleIni = False
            posX = x
            posY = y


    elif isMiddle and row.a in MBody:
            prePos = curPos
            curPos = row.a
            h = Head[MBody.index(curPos)]
            index = pd.Series(Head).unique().tolist().index(h)

            X.append(XX[index])
            Y.append(YY[index])
            T.append(t)
            posX = XX[index]
            posY = YY[index]


    else:

            prePos = curPos
            curPos = row.a

            path_index = str(prePos) + "->" + str(curPos)
            x, y, n = ExportPath(path_index)
            time = [t] * n

            # ax.plot(x, y, time, color=time2color[t])
            X.extend(x)
            Y.extend(y)
            T.extend(time)
            posX = x[len(x) - 1]
            posY = y[len(y) - 1]
```

```
                # 中途间隔过长
            else：
                    preT = t
                    prePos = curPos
                    curPos = row. a
                    posX = df_wifipos. loc[ row. a]. X
                    posY = df_wifipos. loc[ row. a]. Y


        X = Plot2Scatter( X)
        Y = Plot2Scatter( Y)
        T = Plot2Scatter( T)
        return X, Y, T
```

将每个 MAC 的坐标变化列表合并后，使用以下方法绘制总体轨迹图。

```
def ExportClusterImage( X, Y, filepath)：
        print( 'start')
        df_c0 = pd. DataFrame( X, columns=[ 'X'])
        df_c0[ 'Y'] = Y
        df_c0[ 'mark'] = [ 1] * len( df_c0. X)
        df_c0 = df_c0. groupby([ 'X', 'Y']). count( )
        df_c0 = df_c0. reset_index( )
        df_c0. mark = df_c0. mark. apply( MarkFillter)
        fig, ax = plt. subplots( )
        # plt. figure( figsize=( 4, 1))
        plt. rcParams[ 'figure. figsize'] = [ 12, 9]
        ax. set_xlim( -60, 110)
        ax. set_ylim( -40, 80)
        # ax. scatter( df_c0. X, df_c0. Y, s=df_c0. mark, c='darkslategray')
        ax. scatter( df_c0. X, df_c0. Y, s=df_c0. mark, c=df_c0. mark,
                    cmap='viridis')
        plt. tight_layout( pad = 0)


        plt. savefig( filepath, dpi = 300, pad_inches = 0)
```

最终绘制如图 4.4.4 所示。

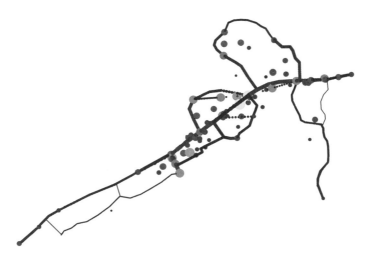

图 4. 4. 4 轨迹叠合图

4.4.5 轨迹热力图

不同地点的数据量差距悬殊，前文在绘制轨迹时考虑到可读性，对数据量进行了开根处理，从而保证轨迹整体较为均匀，其不足之处是无法直观地反映不同地点的数据量，也就是人流量差距的大小。

通过热力图能够更加直观地判断人群最活跃的地点（图 4. 4. 5）。

```
import numpy as np
import matplotlib. pyplot as plt
import matplotlib. cm as cm
from scipy. ndimage. filters import gaussian_filter


def myplot(x, y, s, bins=1000):
    heatmap, xedges, yedges = np. histogram2d(x, y, bins=bins)
    heatmap = gaussian_filter(heatmap, sigma=s)

    extent = [xedges[0], xedges[-1], yedges[0], yedges[-1]]
    return heatmap. T, extent


img, extent = myplot(X_visitor, Y_visitor, 16)
plt. imshow(img, extent=extent, origin='lower', cmap=cm. jet)
```

```
#ax.set_title("Smoothing with $\sigma$ = %d" % s)
path = "D:\\_EVENTS_\\大仓村\\终期成果制作\\各聚类轨迹图\\visitor-
heatmap.jpg"
plt.show()
plt.savefig(path,dpi = 300,pad_inches = 0)
```

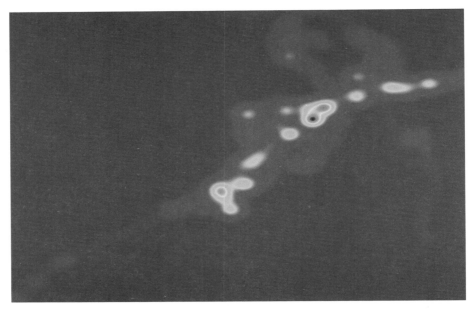

图 4.4.5　轨迹热力图

第五章
数据挖掘算法

5.1 轨迹聚类算法

本节以宜兴市丁蜀镇西望村为研究对象，通过 Wi-Fi 探针技术采集的定位大数据构建乡村中居民个体的行动轨迹。结合乡村特征对轨迹图像进行降维和聚类，挖掘出特有的行为特征和 5 种居民当日的典型行为模式，为西望村后续的环境规划与改造提供坚实的支撑。

5.1.1 神经网络降维

卷积自编码神经网络（Convolutional Auto-Encoder Neural Network，CAENN）综合了卷积神经网络和自编码神经网络两者的特点，其不具有类型标签，是一种无监督学习，目前在图像特征提取方面已有广泛应用。对其进行训练学习，经过一系列卷积、池化和反卷积操作后，卷积自编码神经网络能够提取出尽可能包含图像所有信息的特征向量集，从而实现图像信息降维，以得到的特征向量集为基础便能实现较为精确的聚类。

本例以定位大数据得到的 6 500 余张 128 像素×128 像素的 RGB 轨迹图像集为训练基础，设定相应的卷积自编码神经网络卷积层、池化层参数后，最终将每个轨迹图像降维至由 24 个特征向量构成的集合。

通过 Python 的 TensorFlow 和 Keras 库能够灵活设置各卷积层参数并方便快捷地进行神经网络运算。

```
from keras.layers import Input, Dense, Conv2D,
MaxPooling2D, UpSampling2D, Flatten, Reshape
from keras.models import Model
from keras.datasets import mnist
import numpy as np
from keras.callbacks import TensorBoard
from mpl_toolkits.axisartist.parasite_axes import HostAxes, ParasiteAxes
import matplotlib.pyplot as plt
```

```python
from mpl_toolkits.mplot3d import Axes3D
from matplotlib import cm
# from keras import backend as K
from dataProcessor.train_data_gen import TrainDataLoader
import math
from kmeans import kmeans
import pandas as pd
import time
from glob import glob
from tqdm import tqdm
import os
from PIL import Image
import input_data

dataSource = "dataFile/dacang/tracking128-8.13"
# dataSource = "dataFile/xiwang/tracking128"
# train new network or load exit weights
# need_train = True
need_train = True
show_compare = True
show_Kmean = False

network_weight = 'dataFile/dacang/train/model_weight_site_20000(8.14).h5'

encoded_data = 'dataFile/dacang/train/encoded_data_20000(8.14).csv'

cluster_info = "dataFile/dacang/train/cluster_tracking_20000(8.14).csv"

train_data = TrainDataLoader(dataSource)
train_data.load_color_files()

img_size = 128

x_train = train_data.data_image_rgb.astype('float32')/255

input_img = Input(shape=(img_size, img_size, 3), name='inputs') # adapt this if using
```

`channels_first` image data format

```
x = Conv2D(16, (9, 9), activation='relu', padding='same', name='cov_1')(input_img)
x = MaxPooling2D((2, 2), padding='same', name='pool_1')(x)
x = Conv2D(16, (7, 7), activation='relu', padding='same', name='cov_2')(x)
x = MaxPooling2D((2, 2), padding='same', name='pool_2')(x)
x = Conv2D(8, (5, 5), activation='relu', padding='same', name='cov_3')(x)
x = MaxPooling2D((2, 2), padding='same', name='pool_3')(x)
x = Conv2D(8, (3, 3), activation='relu', padding='same', name='cov_4')(x)
x = MaxPooling2D((2, 2), padding='same', name='pool_4')(x)
# at this point the representation is (4, 4, 8) i.e. 128-dimensional
#8*8*8

flat = Flatten()(x)
hidden = Dense(128, activation='relu', name='full_1')(flat)
middle = Dense(24, name='middle')(hidden)
hidden = Dense(128, activation='relu', name='d_full_1')(middle)

decoder_reshape = Reshape((4, 4, 8))
reshape_decoded = decoder_reshape(hidden)

x = Conv2D(8, (3, 3), activation='relu', padding='same', name='d_cov_1')(reshape_decoded)
x = UpSampling2D((2, 2), name='up_1')(x)
x = Conv2D(8, (5, 5), activation='relu', padding='same', name='d_cov_2')(x)
x = UpSampling2D((2, 2), name='up_2')(x)
x = Conv2D(16, (7, 7), activation='relu', padding='same', name='d_cov_3')(x)
x = UpSampling2D((2, 2), name='up_3')(x)
x = Conv2D(16, (9, 9), activation='relu', padding='same', name='d_cov_4')(x)
x = UpSampling2D((4, 4), name='up_4')(x)
decoded = Conv2D(3, (9, 9), activation='sigmoid', padding='same', name='d_cov_5')(x)

autoencoder = Model(input_img, decoded)
autoencoder.compile(optimizer='adadelta',
```

```python
            loss='binary_crossentropy')
autoencoder.summary()

# train

if need_train:

    start_time = time.clock()
    autoencoder.fit(x_train, x_train,
                    epochs=20000,
                    batch_size=512,
                    shuffle=True,
                    # validation_data=(x_test, x_test),
                    # callbacks=[TensorBoard(log_dir='/tmp/autoencoder')]
                )
    autoencoder.save_weights(network_weight)
    end_time = time.clock()

    print("training cost = %s"%(end_time-start_time))

else:
    autoencoder.load_weights(network_weight)
    print("load weights from file")
# predict
decoded_imgs = autoencoder.predict(x_train)

# display
if show_compare == True:
    n = 10
    count = 0
    plt.figure(figsize=(20, 4))
    for i in range(n):
        count+=1
        # display original
        ax = plt.subplot(2, n, count)
        print('shape:',x_train[i].shape)
```

```python
plt.imshow(x_train[i].reshape(img_size, img_size, 3))
# plt.gray()
ax.get_xaxis().set_visible(False)
ax.get_yaxis().set_visible(False)

# display reconstruction
ax = plt.subplot(2, n, count + n)
plt.imshow(decoded_imgs[i].reshape(img_size, img_size, 3))
# plt.gray()
ax.get_xaxis().set_visible(False)
ax.get_yaxis().set_visible(False)

plt.show()
```

可将自编码后的图像与原始图像进行对比，相似度越高说明该神经网络训练效果越好（图 5.1.1）。

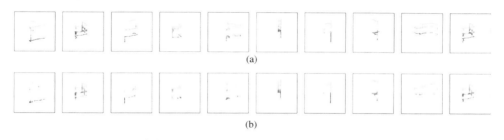

(a)

(b)

图 5.1.1 输出图像与输入图像的对比（（a）输入，（b）输出）

最终将 6 500 余张轨迹图转化为 6 500 余组二十四维数据（图 5.1.2）。

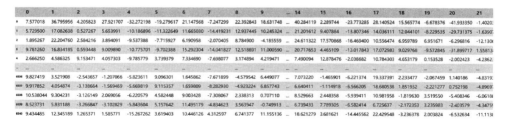

图 5.1.2 每张图片对应的二十四维数据

5.1.2 降维后数据聚类

本案例使用基于 K-means 改良的 K-means++ 算法对神经网路降维后的二十四维数

据进行聚类。K-means++有效解决了 K-means 初始化随机种子的不确定性，能够实现更好的聚类结果。

与 K-means 相同，K-means＋＋需要在聚类前人为确定聚类数量，轮廓分析（Silhouette Analysis）能够对聚类质量进行定量分析，其由聚类样本与最近簇中所有点之间的平均距离——分离度减去聚类样本与簇内其他点之间的平均距离——内聚度，再除以二者中的较大值，从而得到轮廓系数。轮廓系数取值范围在$-1\sim1$，越接近于 1 表示聚类质量越好。

本案例设定 k 值范围为 $2\sim20$，针对每个 k 值多次计算求得轮廓系数的平均值，根据轮廓系数最大值对应的 k 值来确定最终聚类数。实际中，当 $k=5$ 时，轮廓系数达到范围内最大值(图 5.1.3)，故将聚类数设定为 5。

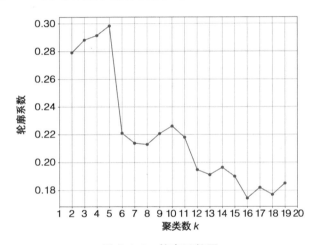

图 5.1.3　轮廓系数图

```
import pandas as pd
import numpy as np
import matplotlib.pyplot as plt
import matplotlib as mat
import os
import datetime
import time

mat.rcParams['font.family'] = 'SimHei'
mat.rcParams['font.sans-serif'] = 'SimHei'

from mpl_toolkits.mplot3d import axes3d
```

```
import warnings
warnings.filterwarnings("ignore")
from sklearn.cluster import KMeans
plt.rcParams['axes.unicode_minus']=False #用来正常显示负号


#读取文件
df_train = pd.read_csv('D:/_EVENTS_/train/encoded_data.csv(6.14)')
df_train.drop(labels='Unnamed：0',axis = 1,inplace=True)


from sklearn.metrics import
silhouette_score,silhouette_samples
from matplotlib import cm

#计算 k 值
distortions = []
for i in range(2,20):
    kmeans = KMeans(n_clusters=i,init='k-means++',n_init=20,max_iter=1000,tol=
1e-4,random_state=0).fit(df_train)
    # distortions.append(kmeans.inertia_)
    distortions.append(silhouette_score(df_train,kmeans.labels_))


plt.figure(figsize=(10, 8))
plt.plot(range(2,20),distortions,marker='o')
plt.tick_params(labelsize=20)
plt.xticks(range(1,21))
plt.grid(b=True,axis='both')
plt.ylabel('轮廓系数',fontsize=30)
plt.xlabel('聚类数 k',fontsize=30)
plt.tick_params(labelsize = 30)
plt.tight_layout(pad = 3)
filepath = "D:\\_EVENTS_\\2022 论文投稿 \\论文图片 \\KmeansN 值选取 .jpg"
plt.savefig(filepath,dpi = 300,pad_inches = 30)
plt.show()


#确定 k 值为 5 后进行聚类
n_clusters = 5
```

```
kmeans = KMeans( n_clusters=n_clusters,init='k-
means++',n_init=10,max_iter=1000,tol=1e-4,random_state=0)
kmeans. fit( df_train)
```

采用 t-SNE 算法可将高维数据集映射到二维平面以观察聚类效果，不同簇按照颜色区分。由图 5.1.4 可见降维后相互重叠较少，聚类结果较为明晰。

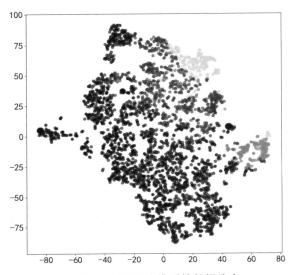

图 5.1.4　t-SNE 降维后的数据分布

5.1.3　行动轨迹聚类及特征分析

通过卷积自编码神经网络将 128 像素×128 像素的三维图像降维至二十四维特征向量后，结合 K-means++聚类算法，本案例最终在 6 500 余个行动轨迹基础上得到 5 种乡村典型行为模式。

1. 空间特征

图 5.1.5 为不同模式的行动轨迹，区域深色面积越大代表居民个体在此停留时间越长。可以看出，占比 44.35%的模式 1 居民行动轨迹主要分布在中心居住区和村西南边商业区，其中一直在一点原地停留的活动方式占绝大多数，居民流动性较弱。占比27.53%的模式 2 主要分布在蜀古路沿线，蜀古路北段有更多的行动轨迹分布，此处是蜀古路区域与西望村蜀古路以东区域的主要交通口。模式 3 在西望村东北角具有更为活跃的行动轨迹，但其总体占比只有古蜀路沿线的一半左右，为 15.47%。模式 4 与模式 1 相似，主要活动区域为中心居住区，但更少涉足于西南的商业区，其占比仅有模式 1 的 1/5 左右，为 8.32%，但模式 4 在中心居住区的流动性更大。模式 5 占比仅有 4.33%，主要分布在西望村西北角，且在西望村的活动范围大部分局限在蜀古路以西。

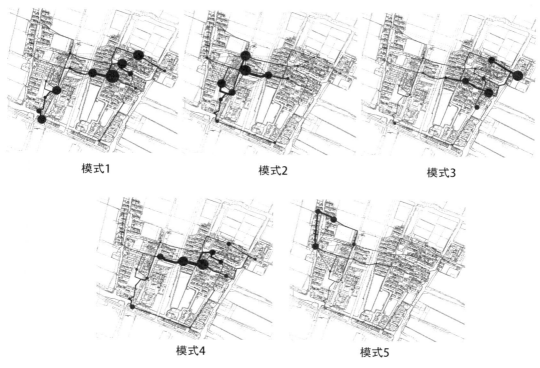

模式1 模式2 模式3

模式4 模式5

图 5.1.5 居民行动轨迹的空间分布特征

归纳后可得出，模式 1 与模式 4 的居民行动轨迹能够代表大部分西望村居民的行为模式，即主要在中心居住区和西南边商业区活跃；模式 2 可代表西望村的商业行为模式，其以蜀古路为交通依托；模式 3 的活跃区与中心居住区相近；模式 5 体现出西望村西北角居民的行动轨迹，其活跃性远不及其他类别。

2. 时间特征

将不同模式群体中具有空间变化特征的个体行动轨迹单独绘制，能够进一步对不同模式群体行为的时间属性进行分析。

图 5.1.6 为所有模式中有移动属性的行动轨迹在以时间作为第三维度下的轨迹图。模式 1 的行动轨迹无论从时间分布还是空间分布相较于其他模式都具有更强的不规律性，且活动范围遍及西望村大部分区域，主要体现在西南角和东北角之间。主体分布在蜀古路的模式 2 主要沿蜀古路进行南北向移动，偶尔东西向进入居住区，这种行动模式在一天中几乎任何时间都有发生。模式 3 主要由西望村东北角进入村内，这种行动模式从早 6 时左右开始发生，一直持续到晚 8 时左右。与模式 1 活动范围相似的模式 4 表现出更强的规律性，从早 6 时左右至晚 9 时左右，表现为在中心居住区东西向道路上活动。模式 5 从西望村西北边进入村内，从早 6 时开始产生进入村内的移动轨迹并持续到晚 8 时左右。

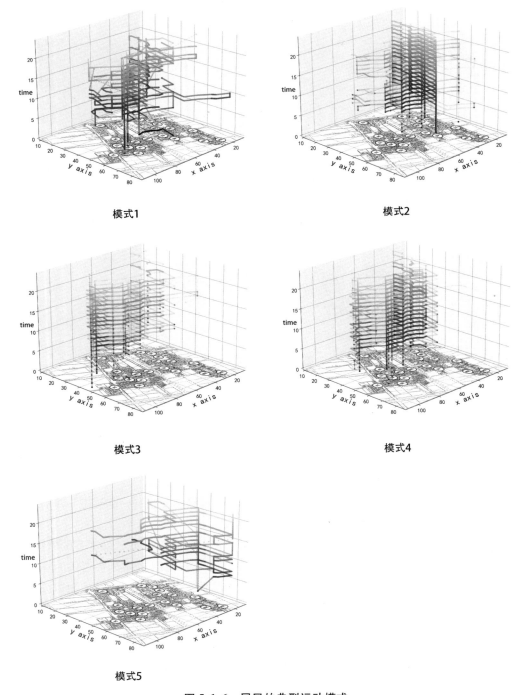

模式1

模式2

模式3

模式4

模式5

图 5.1.6　居民的典型运动模式

图 5.1.7 为不同聚类中个体发生移动行为的次数总和在一天内的时间分布，其横轴越宽代表发生活动的次数越多。除模式 5 从早 6 时才开始有活动发生外，其余行为模式均从 5 时就开始有活动发生。其中占比多但流动性较弱、位于中心居住区的模式 1 在晚 6 时达到活动高峰，其余时间活动次数无明显变化。靠近蜀古路、位于商业区的模式 2 在早 9 时达到活动高峰，且活动发生次数随时间波动性较大。分布在西望村东北角的模式 3 活动次数在中午 1 点左右出现次高峰，在晚饭前即下午 5 时左右和晚饭后晚 9 时左右达到活动高峰。与模式 1 分布相近的模式 4 在上午 7 时、中午 12 时和下午 4 时达到活动高峰，且在晚 11 时仍然有较多活动发生。模式 5 活动在中午 12 时后出现一个低谷，在晚 6 时到达活动高峰，但在晚 9 时后便无活动。

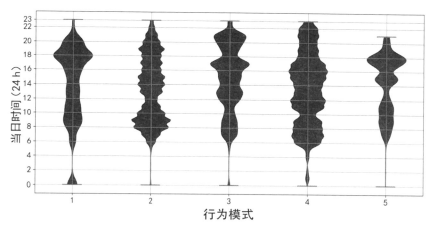

图 5.1.7　不同模式下的活动时间分布

总体而言，不同的行为模式表现出差异性较大的活动时间分布特点，5 种模式整体活动发生次数随时间节点变化而变化的规律性较强。

5.2　序列模式挖掘

如果将室内发生的各种行为看做是一个个独立的事件，则这些事件按其发生的先后可以构成一个序列。通过分析序列中常见的子序列，我们就可以提取一些行为模式，并用来提高建筑的自动化程度。序列模式算法已经在购物行为研究领域得到应用，针对其他数据库及模式类型也有很多变种和改进。但是日常行为的数据类型的复杂程度远高于购物行为，其原始数据不能直接通过现有算法来分析，需要经过一定的数据转化与算法的改进。简而言之，算法需要在由异构传感器数据类型组成的复杂时态数据库上提取闭合频繁片段。

5.2.1 序列模式算法

序列模式挖掘最大的难度在于限制搜索空间的大小。模式长度、数据库的大小、事件类型种类的增加，都会造成搜索空间的大幅增加，从而超出计算机的算力范围。

序列模式算法基于关联规则算法。1993年，拉凯什·阿格拉瓦（Rakesh Agrawal）和罗摩克里希南·斯里坎特（Ramakrishnan Srikant）发明了 Apriori 算法来查找数据项之间的所有共现关系（称为关联）。他们将向下闭包属性(Downward-Closure Property）应用于事务数据库(Transaction Database）中的频繁项集(Frequent Itemsets），大大缩小了搜索空间，使大规模数据库的挖掘成为可能。

频繁片段挖掘（Frequent Episode Mining，FEM）是一种基于 Apriori 的时态数据挖掘算法。例如：(2, 4) (1, 3, 4) (6) (5) (3, 7) (6) (2, 3) (1, 3, 6) 是一个时态数据库(Temporal Database）。里面的每个数字都被称为一个项目(Item）。一对括号中的数字构成一个项集(Itemset）。项集在数据库中的位置表示它们出现的顺序。同一项目集中的项目同时出现。如给定最小支持度(support) 3，则〈(2) (13) (5)〉是频繁片段(Frequent Episode）之一，因为它在数据库中出现的次数大于 3 次。类似地，〈(6)〉：4 和〈(2) (13)〉：3 也是频繁片段（冒号后的值表示其在数据库中出现的次数）。〈(2) (1) (3) (5)〉和〈(6)〉被称为闭合频繁片段(Closed Frequent Episode），因为没有与它们具有相同频率的超序列，〈(2) (13)〉未闭合，因为〈(2) (13) (5)〉具有相同的频率。

FEM 的优点有：(1) 它只需要一个简单的参数，即最小支撑。(2) 它允许序列中存在间隙，这使它对现实数据中的随机性和噪声具有一定的容忍度。(3) 挖掘过程是无监督的，不需要训练数据，也不需要预分割。(4) 输出模式不存在随机性。

然而，它在挖掘建筑物传感器数据方面也有一些缺点：(1) 它只适用于分类数据。(2) 挖掘结果中可能存在大量冗余和无意义的模式。在本书中，引入了一个预处理模块，在没有先验知识的情况下，将数值环境传感器数据转换为分类数据，加之复杂的时态数据库，可以显著降低冗余度。

5.2.2 环境行为数据的转换

要使用序列模式挖掘算法对日常行为数据进行挖掘，须将日常环境行为中的数值和类别型传感器数据先转换为时态数据库里项目的形式。在这里，使用自然数来表示项目 ID。使用项目 ID 来表示类别型数据并不困难。例如，一个灯的开/关可以分别指定其项目 ID 为"1"和"2"。然而，对于数值类型的数据，例如室温，范围从 5℃到 30℃，不可能为每个值分配一个项目 ID，而且，只有在有事件发生的时间点和环境值才是值得研究的。这样的环境数据称为关联环境传感器数据(Associated Ambient Sensor Data），例如，当某一扇窗户打开时的室内温度。

人们通常在相似的时间和相似的环境中进行相似的活动。这一假设可以通过图5.2.1从真实环境中收集的 15 d 累计开门事件数据来证明。很明显，有几个高密度时间区域。因此我们可以将相近的时间进行聚类，从而大幅减少项目的数量。这里选择DBSCAN 聚类算法用于对相关联环境传感器数据进行聚类。（1）它是一种基于密度的聚类算法。（2）需要最大距离参数，并且该参数的值可以基于历史数据来计算。（3）它将孤立的数据点识别为噪声，而不是试图强行聚类。通过上述方式可以使用少量的项目 ID 来表示大部分数值类型的数据。

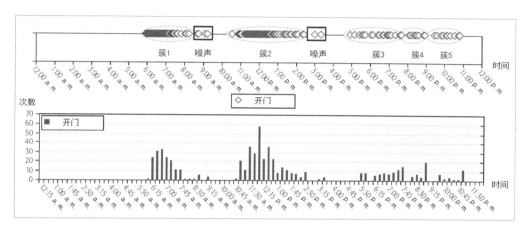

图 5.2.1　累计 15 天的开关门事件

在此基础上，我们可以用环境行为数据来创建时态数据库，包括 3 个主要步骤（图5.2.2）。

首先，为每个事件传感器数据分配一个项目 ID。例如，窗口打开事件分配有 ID 1。这将记录在表 b 项目 ID 映射表中。

其次，获取每个时间所有相关环境的数据，并使用 DBSCAN 算法进行聚类。在表 a 中有两种环境数据：时间和温度，在子表 1 中，窗口打开事件发生在早上 6:39、7:24、8:05 和 6:33。在子表 3 中，我们可以得到这些时间点的温度，分别为 27.5℃、26.8℃、28.4℃和 22.5℃。将最大距离设为 1℃，使用 DBSCAN 对温度数据进行聚类，则27.5℃、26.8℃、28.4℃会被归为一类，而 22.5℃会被当作噪声数据。这个新建立的温度聚类会被赋予一个 ID，为 5。

在找到所有关联的环境数据聚类并为其分配项目 ID 后，所有事件将按其时间戳在数组中排序。它们相关联的环境数据也将被添加到相同的项目集中（表 c）。在这种情况下，时态数据库如下所示：(1 5)(3)(4 8)(2 6)(1 5)(3)(4 8)(2 7)。

FEM 的一个重要环节是频率度量，即计算模式出现的次数。我们采用了一种名为

a, sensor data tables

1 Window sensor	
Time stamp	state
08/18 6:39 a.m.	open
08/18 5:21 p.m.	close
08/19 7:24 a.m.	open
08/19 8:14 p.m.	close
08/20 8:05 a.m.	open
08/20 10:09 p.m.	close
08/21 6:33 a.m.	open
08/21 9:36 p.m.	close

2 Door sensor	
Time stamp	state
08/18 7:30 a.m.	open
08/18 4:22 p.m.	close
08/19 8:15 a.m.	open
08/19 4:16 p.m.	close
08/20 8:45 a.m.	open
08/20 4:19 p.m.	close
08/21 7:50 a.m.	open
08/21 4:26 p.m.	close

3 temperature sensor data	
Time stamp	value
08/18 6:39 a.m.	27.5
08/18 7:30 a.m.	28.8
08/18 4:22 p.m.	19.9
08/18 5:21 p.m.	18.3
08/19 7:24 a.m.	26.8
08/19 8:15 a.m.	23.7
08/19 4:16 p.m.	21.9
08/19 8:14 p.m.	17.5
08/20 8:05 a.m.	28.4
08/20 8:45 a.m.	25.5
08/20 4:19 p.m.	12.4
08/20 10:09 p.m.	22.9
08/21 6:33 a.m.	22.5
08/21 7:50 a.m.	20.4
08/21 4:26 p.m.	15.7
08/21 9:36 p.m.	22.2

b, item ID mapping table

Events and clusters	Item ID
Window open	1
Window close	2
Door open	3
Door close	4
Cluster (27.5℃, 26.8℃, 28.4℃)	5
Cluster (18.3℃,17.5℃)	6
Cluster (22.9℃, 22,2℃)	7
Cluster (4:22 p.m., 4:16 p.m., 4:19 p.m., 4:26 p.m.)	8

c, create temporal database with item IDs

Date		08/18				08/19				08/20				08/21			
Time		6:39 a.m.	7:30 a.m.	4:22 p.m.	5:21 p.m.	7:24 a.m.	8:15 a.m.	4:16 p.m.	8:14 p.m.	8:05 a.m.	8:45 a.m.	4:19 p.m.	10:09 p.m.	6:33 a.m.	7:50 a.m.	4:26 p.m.	9:36 p.m.
Event		Window open	Door open	Door close	Window close	Window open	Door open	Door close	Window close	Window open	Door open	Door close	Window close	Window open	Door open	Door close	Window close
Temporal database	Item ID (event)	①	③	④	②	①	③	④	②	①	③	④	②	①	③	④	②
	Item ID (ambient)	⑤		⑧	6	⑤		⑧	6	⑤		⑧	7			⑧	7

图 5.2.2　时态数据库的构成

Lmaxnr-freq（Leftmost Maximal Non-Redundant Set of Occurrences）的度量。在挖掘过程中，每个频繁片段的长度随着迭代而增长。每个长度为 L 的频繁片段使用 Lmaxnr-freq 中定义的度量在数据库中搜索长度为 L+1 的片段。所有找到的片段都被保存在一个称为枚举树(Enumeration Tree）的树结构中。在那里，片段将被删减或保留以用于下一次迭代。以表 c 中的情况为例，当 min_ sup = 3 时，可以找到其中一个频繁片段（1 5）（3）（4 8）（2）。将这一片段转化为行为模式，即早上气温在 26.5℃ 左右时打开窗户，然后打开门，下午 4 点 20 分左右关上门，然后关上窗户。

5.2.3　频繁片段的可视化

可视化模块可对整个挖掘过程中产生的数据进行可视化，使得研究人员能够跟踪模式的出现并理解模式的实际含义。有三种不同的可视化图表：传感器数据表、枚举树图和频繁片段图(图 5.2.3）。传感器数据表显示了表的内容、来自传感器元数据表的元数据以及表中的一些统计信息，如传感器值的数据类型、不同值的数量以及表的大小等。枚举树图和频繁片段图共同显示频繁事件的信息。在枚举树图中，每个圆圈代表树结构中的一个节点。不同的颜色表示的节点状态不同：黑色表示修剪，黄色表示不修剪。圆圈中冒号左侧的数字是节点的项目 ID，右侧是频率。节点之间的链接表示延伸类型：实线表示水平延伸，虚线表示垂直延伸。频繁片段图是二维网格，横轴是时间轴，纵轴是项目 ID 的出现，每行包含某个项目 ID 的出现，每一列是时态数据库中的一个时间戳。当在枚举树图中选择某一节点时，所属片段的发生位置将被标记在频繁片段图中。一个片段中的每个项目用红线连接。

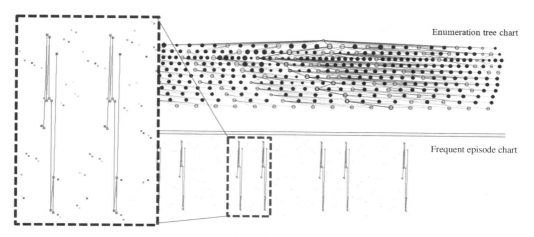

图 5.2.3　枚举树图和频繁片段图

第六章
环境行为研究案例

本章将结合一些实际案例，介绍在不同环境下，环境行为研究所采用的数据采集及分析技术，以及相关分析结果是如何应用到优化设计过程中的。

6.1 室内无线传感网络

6.1.1 研究背景

该项目旨在通过整合无线传感器网络、普适计算和数据库技术，建立一套适用于住宅环境的控制系统。该系统具有较高的适应性、易用性、开放性和稳定性，适合没有太多电子和编程专业知识的业余爱好者和建筑专业研究人员。该系统可集成在智能家居控制系统中，并具有以下特点。

（1）自组织：在网络方面，系统上电后自动形成无线 Mesh 网络。网络拓扑结构能够随着传感器节点位置的变化和数量的增减而自动更新。在数据库方面，根据网络中传感器的组成，数据库会自动生成相应的数据库结构。

（2）部署方便：系统通过无线网络连接，避免有线网络的布线困难。无线 Mesh 网络对传感器位置的限制较少，大大增加了传感器部署的自由度。

（3）兼容性：系统通过网关节点，可以像 Wi-Fi 和蓝牙设备一样与不同的网络协议进行通信。将数据存储到通用数据库中，方便了不同程序之间的数据交换和二次开发。

（4）低能耗：系统采用低能耗无线收发器和低速率微控制器，降低运行能耗。

（5）独立性：系统能够在不依赖其他计算机和互联网连接的情况下进行数据采集和记录。

（6）自愈：如果系统中某个传感器节点运行异常，该节点将自动从网络中脱离，网络将更新拓扑结构，保证数据正常传输。脱离的节点恢复正常后会自动加入网络。

6.1.2 系统构成介绍

整个系统由硬件、软件和通信协议三部分组成。在硬件上，系统中的每个传感器节点都包含一个微控制器和无线收发模块。微控制器将接收和处理所有传感器采集的信息，并对无线数据进行封装和分析。系统在 Arduino Pro Mini 开发板上采用 ATMEGA328P 微控制器，利用无线收发模块构成无线 Mesh 网络，发送和接收无线数据和指令，采用 XBee DigiMesh 2.4 无线射频模块。

ATMEGA328P 微控制器是一款 8 位 AVR 微控制器，具有 32 KB 可读写闪存 ROM，以及 1KB EEPROM 和 2KB SRAM。在 Aduino Pro Mini 开发板上，有 13 个数字读写端口，6 个 10 位 A/D 转换器输入端口，以及 1 个为微控制器设置的 16 MHz 晶体振荡器。Aduino Pro Mini 同时支持 SPI、I2C 和串行通信。

XBee DigiMesh 2.4 无线射频模块工作在 2.4 GHz 频段。它采用 DigiMesh 通信协议，能够自动形成 Mesh 网络，实现动态对等通信。此外，它还支持广播模式和多播模式，发射功率仅为 1 MW。无障碍传输距离约 90 m，最高传输速率可达 250 KB/s。该模块通过串口与微控制器进行数据交换，数据交换模式包括透明模式和 API 模式。系统采用 API 模式，每个无线模块拥有唯一的 64 位通信地址。另一款 XBee ZB 无线射频模块也可应用于本系统。它采用 ZigBee 传输协议，比 DigiMesh 具有更好的兼容性，但网络结构更复杂。

根据不同的无线节点功能，节点可分为数据记录器节点和传感器节点（图 6.1.1），工作电压为 5 V。网络系统包括一个数据记录器节点和多个传感器节点。数据记录器节点也称为网关或汇聚节点，主要用于记录传感器节点提交的数据。此外，它还负责管理网络中的其他节点，包括节点的发现、添加和删除。当数据交换模型点或数据传输过程中发生异常事件时，节点必须将异常事件记录到日志文件中，必要时，还需要将数据提交给数据管理器软件。除了微控制器和无线收发器之外，数据记录器节点还设有实时时钟模块（提供各传感器数据的提交时间），记录传感器数据和日志文件的 SD 存储卡，以及显示网络运行状态的 LED 显示屏。实时时钟模块采用 DS1307 芯片，提供年、月、日、时、分、秒的数据，采用 I2C 协议与微控制器相连。SD 卡采用 512 MB Mini SD 卡，通过 SPI 协议与微控制器连接。LED 显示屏采用 96 像素×64 像素的 OLED，通过串口协议与单片机连接。

（a）　　　　　　　　　　　　　　　（b）

图 6.1.1　记录节点（a）和传感器节点（b）

传感器节点配备有多种传感器，用于收集传感器数据并将其发送到数据记录器节点。传感器节点也有两种：被动传感器节点和主动传感器节点。被动传感器节点收到上传指令后发送数据，用于监测连续变化的信息，如温度和湿度。主动传感器节点在特定事件发生时发送数据，用于监控门窗开关等跳变事件。这种设计一方面可以一定采样频率采集连续变化缓慢的数据，减少数据传输及能量消耗，另一方面可捕获以采样间隔发生的瞬时事件。以本实验为例，被动传感器节点配置了温湿度、光强、声音、人体红外等传感器。其中，温湿度传感器采用 MTH02A 单接口数字芯片，光强传感器采用 BH1750FV1 数字传感器并通过 I2C 连接。PIR 传感器采用 RE200B 被动红外传感器，声音传感器采用 BCM－9765P 电子麦克风。主动传感器节点只配备了一个簧片开关传感器来控制门窗的打开和关闭。

软件分为三个部分：微控制器内部的片内控制程序、桌面系统中的远程编程器软件和数据管理软件（图 6.1.2）。片内控制程序驱动微控制器与所连接的传感器进行数据交换，控制节点的工作流程，用 C++语言开发，编译后下载到单片机的 FLASH ROM 中。远程编程器软件通过无线方式将编译好的控制程序下载到微控制器中。远程编程器软件用 Java 编写，在 Windows 桌面系统中运行；通过与计算机串口连接的 XBee 无线收发器传输到传感器节点的 XBee 无线收发器，然后通过 XBee 串行通信写入微控制器的 FLASH ROM 中。与传统的有线下载方式相比，远程编程器软件避免了布线的麻烦，为更新已安装的无线节点片内程序提供了极大的便利。数据管理软件用来读取存储在数据记录器节点 SD 卡中的原始数据，以一定的方法转换，并通过数据库管理软件保存到数据库中。同时，它还可以根据需要从数据库中读取历史数据，并以图形的形式呈现出来。数据管理软件用 Java 编写，在 Windows 桌面系统中运行；采用 MySQL，提供了多种语言的编程接口，适合科研人员进行二次开发；可以安装在个人电脑上，也可以安装在网络服务器上，使研究人员能够方便地共享和管理数据。

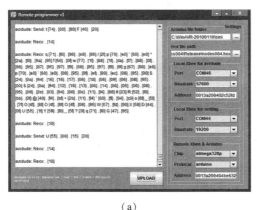
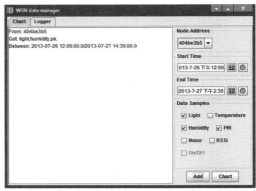

（a）　　　　　　　　　　　　　　　（b）

图 6.1.2　远程编程器软件（a）和数据管理软件（b）

6.1.3 运行流程

基于无配置的思想，系统的运行由每个传感器节点的片内程序自动完成，而不依赖外部操作。具有不同功能的节点拥有两种状态：初始化状态和循环状态。初始化过程用于初始化微控制器和所连接的传感器和设备，发现网络，并记录节点的 64 位地址。当初始化结束时，节点进入循环状态，在该状态中它们不断地更新传感器数据、监视无线网络数据并执行无线指令（图 6.1.3）。

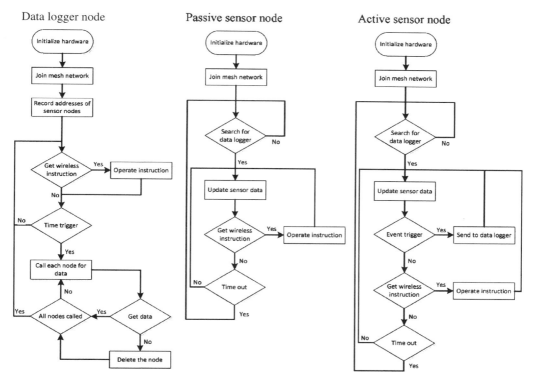

图 6.1.3　三种节点的运行流程图（数据记录器节点、被动传感器节点、主动传感器节点）

不同节点的工作流程不同，数据记录器节点的工作流程如下：

（1）连接电源，初始化所有设备，获取当前日期和时间。

（2）XBee 无线收发器自动形成网络，并加入无线网状网络。

（3）扫描网络，记录发现的传感器节点数量，获取所有节点的 64 位地址。如果它们的地址不在 EEPROM 中，则将它们写入 EEPROM。

（4）启动定时器，初始化结束后进入循环状态。

（5）监控 XBee，收到指令后分析源节点的 64 位地址和指令内容。如果是加入节点的指令，则回复应答指令，将 64 位地址加入 EEPROM。如果是插入数据指令，则将数据记录到 SD 卡中。

（6）检查计时器。如果在指定时间到达，则开始从节点采集数据，从 EEPROM 中逐个提取 64 位地址，并向该节点发送上传数据指令。目标节点返回数据后，如果接收到数据，则记录到 SD 卡中。如果目标节点连续三次未能返回数据，则从 EEPROM 中删除其节点地址。

（7）重置计时器，并准备重新循环。

被动传感器节点的工作流程为：

（1）连接电源，并初始化所有设备。

（2）XBee 无线收发器自动形成网络，并加入无线网状网络。

（3）以广播方式发送加入节点的指令，等待数据记录节点的回复。如果收到回复，则记录其 64 位地址。

（4）初始化定时器，并进入循环状态。

（5）如果计时器超时，重新启动节点。

（6）监控 XBee 接收的无线数据。如果接收到上传数据指令，读取各传感器的数据并发送给数据记录节点。重置计时器。

主动传感器节点的工作流程为：

（1）连接电源，并初始化所有设备。

（2）XBee 无线收发器自动形成网络，并加入无线网状网络。

（3）以广播方式发送加入节点的指令，等待数据记录节点的回复。如果收到回复，则记录其 64 位地址。

（4）初始化定时器，并进入循环状态。

（5）如果计时器超时，重新启动节点。

（6）监控传感器。如果发生跳转变化，则向数据记录节点发送插入数据指令，并发送数据。

（7）监控 XBee 接收的无线数据。如果接收到上传数据指令，读取各传感器的数据并发送给数据记录节点。重置计时器。

我们可以发现每一个节点的运行都是相对独立的。传感器节点可以被动地被数据记录器节点发现或者主动地加入系统。整个系统的启动过程没有规定的顺序。不必预设传感器的 64 位地址，传感器可以在操作过程中被发现和保存。节点可以随时添加和删除，具有很高的灵活性。数据记录器节点可以根据数据传输的成功率自动删除有异常事件的传感器节点，从而防止无效的数据传输。此外，传感器节点在注意到自身产生异常事件后会自动重启并尝试重新加入网络，保证网络具有一定的自愈能力。

6.1.4　应用测试

为了检测系统的实际运行效果、稳定性和能耗，该系统安装在一个约 12 m^2 的真实学生公寓中。房间内共安装了8个节点，包括1个数据记录器节点、5个被动传感器节点和2个主动传感器节点。其中2个被动传感器节点放置在室外，分别用于监测室外和走廊环境。其余3个被动传感器节点均匀地分布在房间内（图6.1.4）。主动传感器节点分别安装在窗框和门框上，监测门窗的开启和关闭。

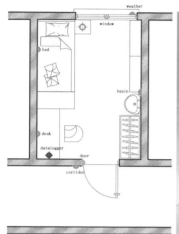

图 6.1.4　实际安装的环境

数据记录器节点每10 s从每个传感器节点采集一次数据，每天记录的数据量为1 MB。每个被动传感器节点产生大约170 KB数据量，每个主动传感器节点产生大约80 KB数据量，再加上日志文件占用的空间，一张512 MB的SD卡足以存储一年。

数据管理软件可以方便地创建各种图形化的时间序列图，给用户更直观的数据感受。它可以将不同的传感器数据或来自不同节点的传感器数据组合成一个多轴时间序列聊天，方便观察数据之间的相关性（图6.1.5）；还可以创建不同时间尺度的图表，以发现每日或季节性变化（图6.1.6）。

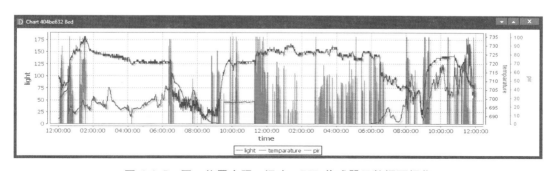

图 6.1.5　同一位置光照、温度、PIR 传感器日数据可视化

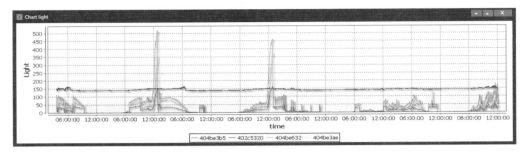

图 6.1.6　不同位置传感器光照强度的周变化

通过数据管理软件将采集的数据保存到数据库中（图 6.1.7）。不同节点的数据分别保存在不同的表中，这些表以节点的低 32 位地址命名。表中的每一行保存了节点发送的一条信息。第一列保存了时间戳，记录了信息的发送时间。其他列分别保存每个传感器返回的数值。就无线数据传输的稳定性而言，信号最好的节点，如室内节点，可以保持在 −60～−65 dBm。即使节点受到其他电磁信号的干扰，它们仍然可以保证接收信号强度大于 XBee 的最低接收功率，即−95 dBm，而不会丢失数据包。对于走廊中的节点，由于墙壁将其与数据记录节点隔开，正常情况下信号强度保持在−76～−83 dBm（图 6.1.8）。当受到干扰时，它们丢失了总数 2% 的数据包，这对数据完整性没有造成大的影响。

time	humidity	temparature	light	sound	pir	rssi
2013-07-26 15:42:08	302	934	20628	100	82	82
2013-07-26 15:42:18	280	929	21103	100	0	74
2013-07-26 15:42:38	290	919	52725	100	0	88
2013-07-26 15:42:48	292	919	65535	100	0	85
2013-07-26 15:42:58	289	924	65535	100	0	85
2013-07-26 15:43:08	272	929	65535	100	0	88
2013-07-26 15:43:18	312	937	59454	100	1	88
2013-07-26 15:43:28	312	938	65535	100	100	88

图 6.1.7　数据库中的数据结构

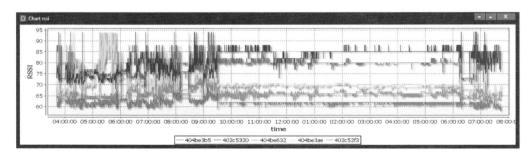

图 6.1.8　不同传感器节点的信号强度变化

能耗方面，由于巡检节点的工作强度最大，其在 5 V 电压下的峰值电流达 500 mA。无源节点上的传感器较多，其峰值电流达到 180 mA；有源节点的峰值电流为 60 mA。如果使用 2 400 mAh 的普通充电电池组为它们供电，它们可以分别持续工作大约 5 h、13 h 和 40 h。

6.2　图书管阅览室

本案例以某高校图书馆中的一个阅览室为实验样本，以室内气候性能与使用者行为心理模式的交互影响机制为指向，引介了从数据的采集、整理和分析到设计改进的完整流程。这项研究借助高精度室内定位系统及无线传感网络，对阅览行为，室内照度、温湿度等物理参数进行精细粒度的采样。通过对采样数据的可视化及统计分析，发现了不同环境条件下的行为偏好和规律，结合数字调查问卷，发现既有空间布局的不足。在此基础上提出流线、功能布局等设计层面的改进策略，并对阅览室空间进行了设计优化。

6.2.1　研究背景

绿色建筑的研究与设计实践必须见物见人，从而在低能耗的前提下寻找提升空间舒适度的策略与方法。在既定的建筑总体布局中，室内空间单元对气候性能与行为模式的双重适应性成为关键的设计环节，因而具备不可忽视的绿色设计潜力。为此，我们需要研究建筑的单一空间中，内部气候性能与使用者行为心理模式之间的交互影响机制。

数据采集困难是约束室内行为研究的主要原因。既有研究大都局限于单一行为对室内环境的影响，其中大部分研究仅仅停留在行为与能耗间的相互作用关系，鲜有涉及建筑设计层面。随着传感器技术、嵌入式系统及无线传感网络技术的发展。室内行为信息的采集工具与技术已经获得突破，成本越来越低，可靠性逐渐提升。在既有环境中，非侵入性的精细颗粒度的长时间室内行为及环境观测逐渐成为可能。如何获取和整合各类有效数据，发现其中的模式规律，进而科学评估既有设计的不足，并引导设计优化，成为绿色建筑研究领域的新课题。

此研究借助高精度室内定位系统及无线传感网络，对阅览行为、室内照度和温湿度等物理参数进行精细粒度的采样。通过对采样数据的可视化及统计分析，发现不同环境条件下的行为偏好和规律，结合数字调查问卷，发现现有设计的不足。在此基础上提出流线、功能布局等设计层面的改进策略，对阅览室空间进行设计优化。

6.2.2　数据采集环境与方法

作为本项研究样本的阅览室，平面呈矩形，南北长 16 m，东西长 18 m，净高 4 m（图 6.2.1）。该阅览室东边为实墙，其余三面是大面积开窗，并配有内部遮阳帘。阅览室主要出入口在东北角。室内均匀排布三排阅览桌椅，间隔以走道，东侧靠墙有一排书架。观测时段为 2018 年春季，室内采用自然通风，未开启空调。白天主要依赖自然采光，辅助灯光照明，南侧阳光较好时，遮阳帘常处于遮蔽状态，避免阳光直射。使用者主要是来自习或查阅资料的大学生。

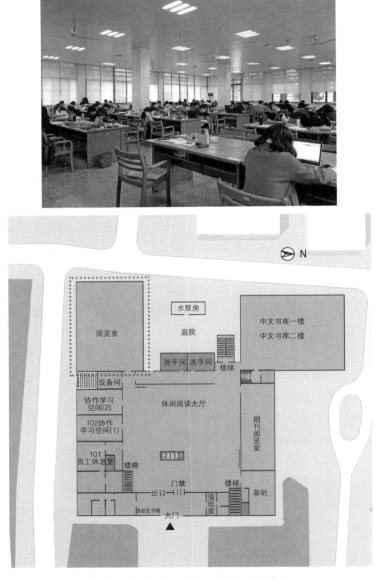

图 6.2.1　阅览室内部环境及所处方位

　　　　　　　　　　　　　　　　　　　　数字化建筑环境行为采集分析及应用

本研究主要采集了三种类型的数据，包括人员行为轨迹数据、室内物理环境数据及使用者个人背景信息数据。

人员行为轨迹数据采用东南大学建筑学院建筑运算与应用研究所研发的高精度室内定位系统。该系统基于超宽带（Ultra-wide Band，UWB）技术，定位精度高（±20 cm），可实现多目标同时跟踪，具有可视化操作界面，操作简便。设备主要由标签、基站及运行于笔记本电脑的服务终端组成。基站设置在室内固定位置，标签由被监测人员随身携带，标签通过三个基站的三次测距，使用 TOA 算法来计算基站间的相对位置。标签定位频率 2 Hz。实验中，在阅览室的四角及中心位置放置了 5 个基站（图 6.2.2），固定在 2.5 m 水平仪三脚架上。标签由管理人员在阅览室入口处发放给被观测者，并在他们离开时回收。

室内物理环境通过 LifeSmart 的无线传感网络采集，其多功能传感器模块集成了照度、温度及湿度传感器，体积小，且可通过纽扣电池供电长期工作。本次研究在阅览室内均匀布置了 18 个多功能传感器，以便采集到室内不同的数区域的环境参数（图 6.2.3）。

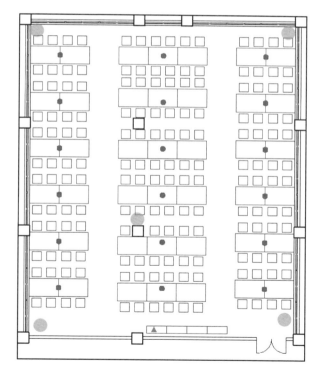

● 多功能传感器   ▲ 数据终端   ■ 定位基站

图 6.2.2　传感器放置位置

被监测人员的背景信息以数字问卷的形式获得，用手机扫描问卷二维码进行填写。填写内容有：所持标签序号；个人基本信息，包括性别、年级和院系等；行为偏好，包括同行人数、来图书馆的目的以及座位选择的偏好。

数据收集从 2018 年 5 月 10 日开始至 5 月 27 日结束，历时 18 d；共收集有效数据样本 473 组，定位数据包 180 000 余条。室内定位数据、建筑物理环境数据以及用户个人信息数据通过其时间戳一一对应，并录入 MySQL 数据库中储存，以便进行调取进行数据分析。

图 6.2.3 定位基站与标签

6.2.3 数据可视化与统计分析

在数据分析过程中，首先对各类数据进行清理、汇总、数理统计，再将室内定位数据分别与实时物理环境参数、用户个人信息数据融合，获取数据间的相互关系（图 6.2.4）。

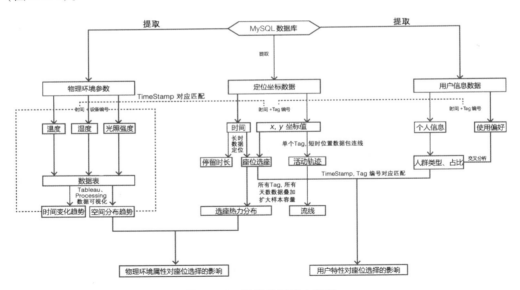

图 6.2.4 数据分析融合框架

定位数据的可视化直观地呈现了空间中人的行为活动状态。数据实时反映了某一时刻空间中人群的分布状态和聚集程度，并可通过一段时间内空间位置数据的累积叠加，得出人群分布在时间维度上的变化。从数据库中调用定位点数据，通过可视化程序，描绘出每日标签的活动轨迹。将数据收集期间的所有轨迹数据叠加，得到该空间内的流线密度分布图（图6.2.5）。可以清晰地看出有一条环形的主流线，这条环形流线上靠近入口的东侧半部人流经过次数较多，临近入口的南北向走道几乎承担了室内所有的南北向人流。而远离入口的西侧半部被使用次数相对较少，利用效率较低。

流线分布密度

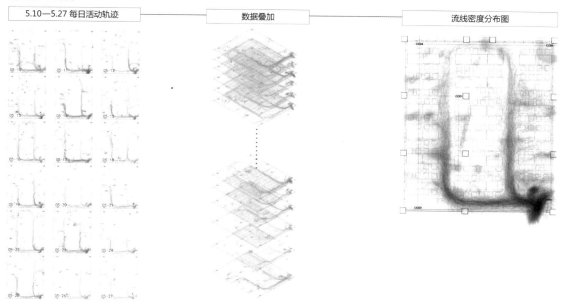

图 6.2.5 每日流线及总体分布

凭借足够的定位精度，依据行为与位置的关联性，定位数据进一步转译为空间中的行为数据。使用定位系统所用的坐标系，为阅览室中的168个座位设定坐标，使之与定位程序获取的位置数据相对应，并设定当定位标签在某一座位停留时间超过10 min时，则认定持有该定位标签的同学选择了该座位，由此得到每一个定位标签全天选择过的位置以及它在该位置停留的时长。图6.2.6中方块颜色越深，表示停留时间越长。将整个数据收集期间每天被选择的座位叠加，得到阅览室的座位偏好分布图。据图所示，阅览室南面靠窗中部、西面靠窗中部、东面中部是相对更受使用者欢迎的座位，而北面靠窗、阅览室中部以及入口以外的三个角落的座位，被选择的次数则相对较少。

通过在阅览室内均匀布置的环境传感器，可以得到各项环境指标在时间维度（一天中的不同时刻）和空间维度（不同空间位置的分布）上的变化（图6.2.7）。其中，温度的成因比较复杂，受到人员密度、光照、室内外空气交换的影响，总体上有西侧和中部两个高温带，东侧靠墙位置始终是低温区域，但总体温度变化范围在23.9～26.8℃，属于比较舒适的温度区间。因此，可以认为温度与选座的关联性不大。湿度总

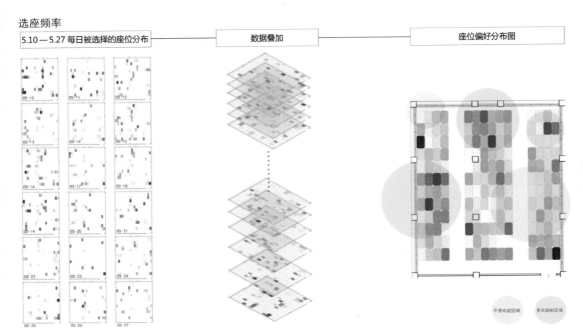

图 6.2.6　每日选座及总体分布图

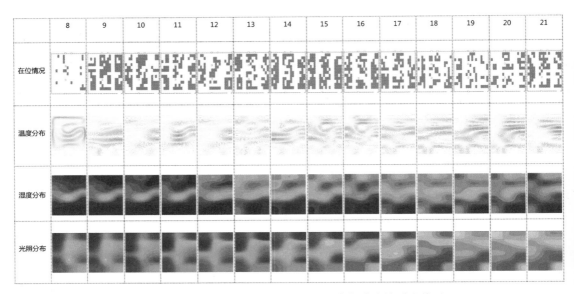

图 6.2.7　各时段温度、湿度、照度分布与选座的对照关系

体呈现西低东高的趋势，变化范围在 59.7%～78.1%。早上 8 时，阅览室开放时，经过一晚的积累，湿度较大，随后西侧的湿度逐渐降低。春季 50% 的相对湿度属较为适宜，

且由于阅览室温度不高，即使湿度偏高也不会让人有闷热感。总体上看，湿度与选座的关联性也不大。照度的分布主要受朝向、自然采光和室内照明的影响，其变化范围在39.3~116.3 lx。既有研究表明，阅读所需最低照度是30 lx，最适合的照度约为60 lx。阅览室20时以后的照明主要依赖室内照明，因此，阅览室灯光提供的照度相对偏低。白天阅览室南面靠窗中部、西面靠窗中部、东面中部的照度较为合适，而北面靠窗、阅览室中部照度偏低，入口以外的三个角落的座位照度偏高。这与选座信息产生了较高的耦合性，照度偏高和偏低区域的选座率都相对偏低，尤其是17~19时左右，因西晒，西侧靠窗座位出现大量空座。因此可以看出，光照是选座的主要影响因素。

除物理环境的影响，心理因素也会对选座产生影响。心理学家德克·德·琼治（Derk de Jonge）曾提出"边界效应"理论，即人们喜爱逗留在区域的边缘，而开敞的中间地带是最后的选择。这是出于安全感和领域感的需求。这一理论解释了阅览室中部选座率较低的原因。此外，个人偏好对于座位选择也有显著的影响。研究小组对独自和结伴而来的学生选座情况分别进行了统计，图6.2.8中，深色方块表示独自自习的同

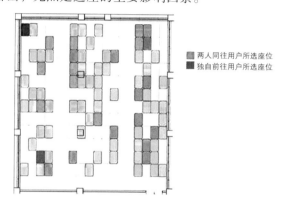

图例：
- 两人同往用户所选座位
- 独自前往用户所选座位

图 6.2.8　独自自习与结伴自习的选座分布图

学选择的座位，而浅色方块表示两人或多人同来自习的同学选择的座位。可以看出，独自一人更偏向于选择更靠近入口的座位；而结伴而来的更倾向于离入口较远的对角位置，其原因可能是结伴而来的学生倾向选择更私密的位置进行交流。

6.2.4　问题分析与设计优化

经过观察和数据分析，可以发现既有室内布局的不足：第一，座位排布方面，阅览室中央部位的利用率明显偏低，光照不足以及中间部位缺乏安全感是两个主要原因。除入口区以外的三个角落空间，白天阳光直射，照度过量，影响了使用率。而为避免阳光直射使用的室内遮阳帘不利于室外景观的引入。第二，流线组织方面，现有的两条平行走道末端使用率低，还占用了西侧较受欢迎的靠窗空间。第三，桌椅设计方面，桌椅均质排布，缺少空间分隔，导致空间私密性、安全感需求难以得到满足。独自前来的学生往往相隔一个位子而坐，导致席位资源浪费。

针对上述问题，研究小组尝试提出解决方案，并对室内阅览空间进行重新排布（图6.2.9）。在主要流线组织方面，将西端走道向东偏移形成环路，留出更多靠窗座位，同时分担东侧南北向走道的人流。实验开始前，我们原本认为入口处由于人流较

多，会降低此处座位的使用率，需要增加缓冲空间来降低影响。但实际上此处的使用率并不低，因为阅览室内学生走路都很安静，不会对阅读产生很大影响。有些短时间自习的同学，并不愿意深入阅览室，因临近出入口方便随时离开。故设计优化过程中，入口处无需做放大缓冲处理。在平面布局方面，走道向内一侧布置低矮书架，在不影响采光的前提下使阅览室中央区域的座位形成围合感。在桌椅设计方便，提供了单人桌和多人桌等不同的组合方式，满足不同的需求。采光方面，南侧增设水平遮阳，西侧增设垂直遮阳，避免直射光。阅览室中部和东侧靠墙部位增加人工光源，弥补照明不足（图6.2.10）。

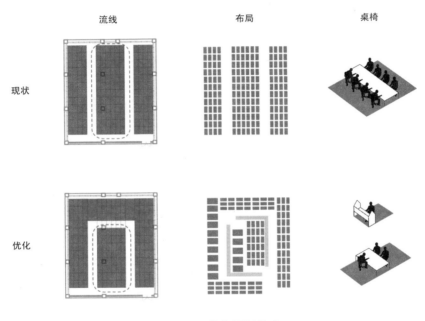

图 6.2.9 优化更新策略

6.2.5 项目总结

本项研究通过对行为数据和性能数据的采集与分析，主要验证了阅览室空间中采光照明和使用者行为心理偏好的交织影响。研究表明，高校图书馆阅览室普遍采用类似普通教室的均质布局，这与其室内性能和使用者行为模式的非匀质性存在明显差异。研究小组的设计优化实验，从一个侧面揭示了公共建筑室内空间布局在气候性能与使用行为适应性的交织影响下展开精细化设计的可能潜力。

本次研究受空间和时间的限制，还有诸多方面需要继续完善。首先，由于监测时间较短，仅积累了春季时段的数据，在夏季或冬季需要使用空调调节室温时，可能会呈现

图 6.2.10　更新后室内效果

出不同的状态。如能获取全季节数据，则可完整掌握气候性能和使用行为交互影响的动态机制，并据此探索冬冷夏热地区的适应性设计策略。其次，优化设计方案并未实施，因此缺乏实测对比数据来检验优化手段是否有效。最后，数据分析过程中，仅使用了数据可视化及常规统计方法来研究数据间的相互关系，并采用先假设后验证的技术路径。当数据类型增多时，各类数据间组合的可能性急剧增加。因此需要运用机器学习中的非监督式学习方法，使程序自动发现数据中的关联性，从而可以处理更大规模的数据，并获得更多的潜在规律。

6.3　西望村公共空间优化

6.3.1　研究背景

本项目选取宜兴市丁蜀镇西望村为研究对象。聚落整体面积为 37.9 万 m²，被蜀浦路分为东西两侧，两侧聚落形态差距较大，西侧已有多处大型公共空间，需要对现有公共空间的层级分布进行评价，并且对使用情况进行调查；东侧仍保留着村庄的原始肌理，缺少公共空间。西望村东西两侧聚落空间差异大，且均具有代表性，故作为此次研究的对象。

6.3.2 Wi-Fi 探针定位技术

研究中在具有代表性的场地上布置 Wi-Fi 探针，如篮球场、大广场等大尺度公共空间，集市、老年活动中心等人流密集、活动频繁的公共空间，村口、街道交叉路口等交通节点，用来监测该公共空间的使用频率及人流量（图 6.3.1）。

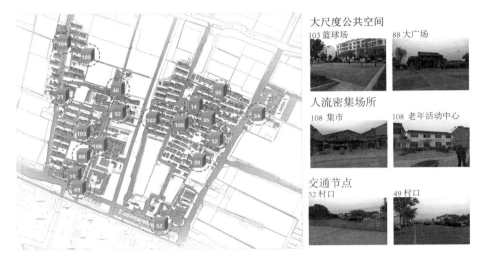

图 6.3.1　Wi-Fi 探针场地布置

本次研究采集了 2021 年 4 月 16 日至 5 月 9 日共 22 d 的数据，共计 1 800 万条数据，数据样本量大，可进行较为客观的分析。采集的每条数据均独立编号，数据包括用户使用的终端地址、数据采集时间、采集探针的编号，以及用户与探针的距离。对于老人、孩子等不常携带终端的人群，Wi-Fi 探针定位技术无法采集数据信息，本次研究暂通过实地调研的方法弥补数据的缺失。

6.3.3 数据处理与分析

1. 数据预处理

虽说 Wi-Fi 探针定位采集的数据大，相较人工采集的数据更为客观全面，但由于样本量大，会有大量干扰，故需要对收集到的数据进行清洗处理，筛选出合适的数据以供下一步分析研究。需要清洗的数据分为三类：（1）固定发出信号的终端，如家用路由器、智能家电等；（2）处于非活动状态的居民数据，如居家或办公的居民在同一地点停留的数据；（3）伪 MAC 地址，即终端随机发出的非真实 MAC 地址。

同时，由于研究期间存在云端服务器被攻击及设备丢失等问题，某些时间段内的数据丢失，因此需要对丢失时段的数据进行预处理。由 22 d 内采集的数据可知，采集期间每日总数据量相近，几乎不受周末或节假日影响，平均每日接收 18 万条数据，因此后续统计将对所有天数的相关数据值采用求取平均值的方式，而非将所有天数的数据叠加，以求减小实验误差。

2. 居民行为分析

研究从公共空间的使用频率、时间时段、居民的移动轨迹等多个角度对数据进行分析，为设计提供指导意见。

对各探针点的数据量与设备数量进行统计，可以得知公共空间的使用频率和居民平均停留时长(图 6.3.2)。因为 Wi-Fi 探针接收终端消息的间隔时长相同，各探针点的总数据量能够间接反映该地用户停留的总时长。各探针点的 MAC 地址数量，即设备总数，可以反映到过该地的人数。数据量与设备数量的比值能够反映各公共空间用户停留的平均时长，比值大代表停留时间长，比值小代表停留时间短。

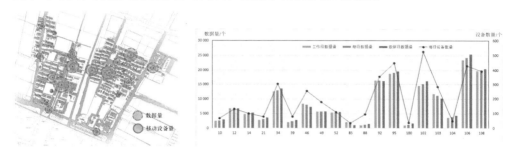

图 6.3.2　各探针点数据量与设备数量日平均值

对不同探针采集到的数据分时段进行统计，可以得知该探针点对应的公共空间各时段的使用情况（图 6.3.3）。例如对 10 号探针的所有数据依据时间分类统计，可以得知该探针每小时采集的数据量，从图中可以了解该探针对应的公共空间在 12~14 时、16~20 时这两个时间段内使用频率高，在 6~12 时使用频率低。

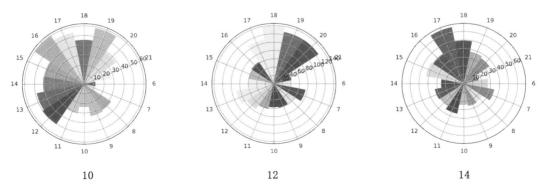

图 6.3.3　各探针点数据量与设备数量日平均值

对 MAC 地址途径探针点的追踪，可以得到每个用户的移动轨迹，再将所有用户的移动轨迹叠加，可以了解到村庄内居民的移动模式（图6.3.4）。例如，对到过10号探针的居民的移动轨迹进行统计，可以看出10号探针前后关联的探针点，路径粗表示两探针点关联度高，居民常在这两个公共空间之间移动。

图 6.3.4　10 号探针点用户移动轨迹统计图

经过数据分析与背景调研发现，当地的支柱产业是紫砂壶的制作与销售。随着短视频的兴起，当地将短视频引入紫砂壶产业，各家各户通过网络直播带货的方式，在通过短视频平台上分享紫砂壶的制作的同时进行网络销售。因此，村民主要居家工作，具有很多快递收发的需求。由经过10号探针的移动模式可见，该物流节点覆盖了整个西侧区域。另外，大部分室外公共健身设施的使用频率很低。例如100、85号节点，虽然布设了很多健身器材，但是检测到的数据量都很低。

6.3.4 公共空间优化策略

结合公共空间居民行为分析的两种定量调研方法，可以对公共空间改造提出整体建议。从居民的行为模式分析可以得知各公共空间的使用频率，结合定量建议，给出定点改造的建议。结合实地调研，本次研究提出三种策略对聚落公共空间进行定点改造：增加公共性、调整快递点、改造现有公共空间（图6.3.5）。

公共空间改造策略

- 增加公共性
- 调整快递点
- 现有公共空间改造

图 6.3.5 西望村改造策略

例如在106、92、108、95、34等位置，结合原有功能，增加快递点或者快递柜等物流服务设施，方便村民日常物流需求。针对14、12、108、39等公共空间不足的区域，增加凉亭、敞廊等村民较为喜欢的半室外公共空间形式。针对100、21、49、85等使用率不足或功能错配的区域，重新进行功能的设计。

6.3.5 项目总结

本次以宜兴市丁蜀镇西望村为对象的研究是运用数字技术进行聚落公共空间优化改造的一次探索。通过 Wi-Fi 探针定位技术对聚落内居民行为模式进行分析，挖掘居民对公共空间的使用习惯与使用需求，为公共空间选址与功能设置提供建议。

6.4 芳溪村公共空间优化

6.4.1 项目背景

芳溪村位于江苏省宜兴市丁蜀镇，面积约 3.5 km²，整体形态南北长、东西窄。东临宁杭高速、湖滨公路，西临芳溪河，南接芳溪路，前西路贯穿村落，是村内的主干道。本研究范围主要在村北的居住区域，面积约 73 610 m²，南部的工厂用地及周边大量农田不纳入研究考虑范围（图 6.4.1 红线为研究范围）。

图 6.4.1 芳溪村区位及用地情况

该村主要产业为紫砂制品、旅游、工业陶瓷，保留有创烧于明代的前墅龙窑，是宜兴地区仍以传统方法烧制陶瓷器的唯一龙窑。当下，芳溪村面临着发展瓶颈，如何扩大自身旅游影响力，如何有针对性地提升村民生活品质，如何平衡好游客与村民的需求，都是需要解决的问题。

本研究选取芳溪村为研究对象，探索基于 Wi-Fi 定位技术的乡村公共空间提升方法。通过对村民、游客两类人群，工作日、休息日、节假日三类日期属性下的活动特点进行归纳，探寻芳溪村的时空行为规律，从而提出相应的空间提升策略。

6.4.2 研究方法

本研究共布设 14 个 Wi-Fi 探针设备（图 6.4.2），包括村内主干道、村口、龙窑博物馆、菜场等，覆盖了芳溪村大部分关键路口节点和主要公共区域。研究收集了 2021 年 4 月 14 日至 5 月 9 日的数据，其中部分天数数据缺失，实际有效时间为 21 d。共获取 4 215 641 条信号记录与 87 399 个 MAC 地址（图 6.4.3）。每条数据包含了设备 MAC 地址、收集时间戳、探针编号、设备与探针距离。

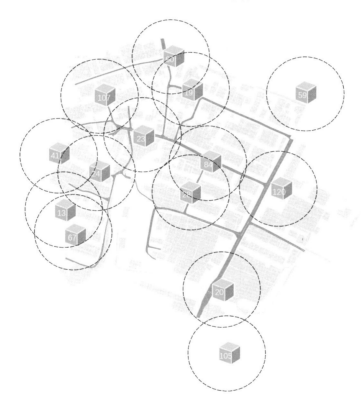

图 6.4.2　设备布点

为了过滤掉路由器、智能家电等固定设备，以及部分设备的伪 MAC 地址等干扰信息，结合芳溪村实际情况，进行相应的数据清洗。具体包括如下数据：（1）单一停留时间长于 8 h 或少于 0.5 h 的数据；（2）只出现过一次的 MAC 地址的数据；（3）在非日常活动时间，如深夜、凌晨出现的数据。

根据实地观测，芳溪村的人群主要分为两类：本地居民与外来游客。综合村落本身

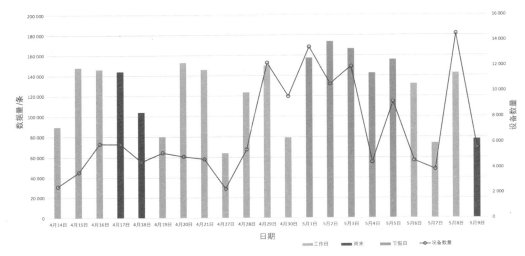

图 6.4.3　定位数据量与移动设备数量

旅游资源较少，多以短期游览为主的特点，根据 MAC 地址出现的时间，将出现天数超过 3 d 且单一一天总计时长超过 7 h 的视为本地村民，将出现天数小于 3 d 的视为游客。

6.4.3　数据分析

数据反映了两方面特征：个体数量与个体所停留时间，个体所停留时间越长，发送的数据越多。芳溪村内的数据分布存在着较大的地理差异。对每一探针点进行 21 d 流量累计，可以得出各监测点的聚集情况（图 6.4.4）。在村落的西入口与前墅龙窑附近的 41、24、67、105 号监测点的人流量密度显著高于其他位置。进一步对居民和游客两类人群分布做分析，可以看出两类人群的活动地点具有不同的特征。在前墅龙窑附近具有高度重合；而在村子内部，游客聚集明显减少。

总体流量分布　　　　　居民流量分布　　　　　游客流量分布

图 6.4.4　流量分布情况

单独提取上述四个具有高流量的监测点的数据，进行逐日热力图分析（图6.4.5）。结果显示，相比其他点，24号监测点受日期影响变化最大，人流峰值主要出现在一周的周中与节假日。其余探针点与日期关联性较小或者说明人停留的时间并不长。

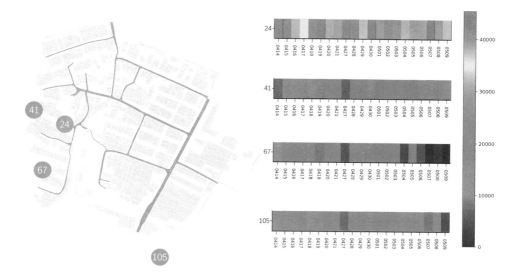

图6.4.5　41、24、67、105号监测点的逐日热力图

在21 d的数据收集时间跨度内主要有三类日期属性：工作日、周末、节假日。对应这三类日期，各监测点在一天内（5:00—23:00）的流量变化有着不同的特征。以13号监测点为例，中午（11:00—13:00）以及傍晚（17:00—19:00）的流量显著高于其他时段，与其相似的还有60号监测点。基于三种日期属性内一天流量的变化，对所有监测点数据进行归纳总结，可以得出两类基本特征点（图6.4.6）。

特征点Ⅰ：在中午（11:00—13:00）以及傍晚（17:00—19:00）会有数据的高峰；假期数据均衡；工作日、周末数据密集；部分周末的晚上会有数据的减少。此类点多位于居民宅前或巷口。

特征点Ⅱ：三个时间点没有明显的数据偏向，数据量均衡，周末、节假日的数据高于工作日；白天的数据普遍高于夜晚；都在前墅龙窑附近。

对同一MAC地址在一天内被探针所监测到的顺序进行排列，通过点与点的连接可近似拟合出该MAC地址在一天内的流线。再加入累加的停留时间数据，便可得到道路的使用频率。由于Wi-Fi探针数据并不能完整记录轨迹，因此需要结合村庄内道路实际调研情况对其进行修正。具体操作为，在前期经过实地调研分析村内道路情况，区分出公共道路与村内小道。对数据进行可视化（图6.4.7），可发现村落西入口、前西路与东西走向的村内主干道（村内主干道连接前墅龙窑至前西路公共汽车站）使用频率远高于其他道路。

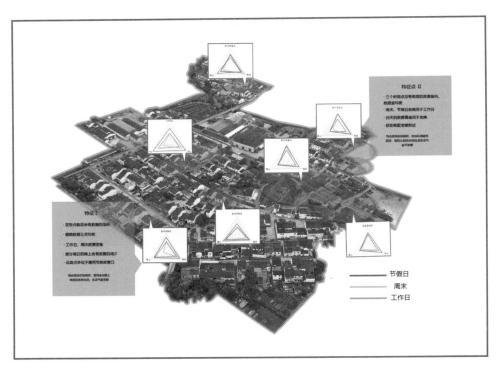

图 6.4.6 两类特征点

图 6.4.7 路径流量

数字化建筑环境行为采集分析及应用

6.4.4 公共空间优化策略

结合时空行为数据分析与实地调研对芳溪村的公共空间进行优化，主要分为三个方面：适用于游客—村民的大中型公共空间优化；适用于村民的中小型公共空间优化；道路空间优化（图 6.4.8）。

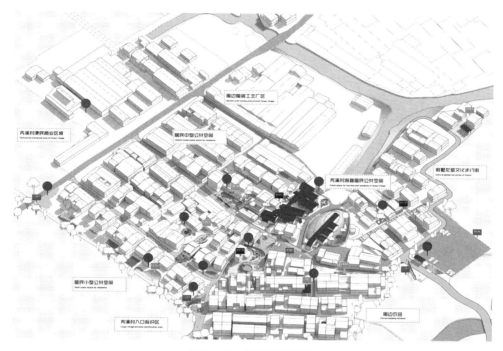

图 6.4.8　村落更新设计

1. 适用于游客—村民的大型公共空间优化

根据数据分析结果，特征点Ⅱ即前墅龙窑周边区域（24 号监测点）集中了芳溪村主要的旅游资源，游客、村民的流量都较高，且白天高于夜晚。整体优化思路为将该区域打造为潮汐功能地块，平时满足村民的活动需求，旅游旺季时可兼顾游客的需求。根据游客主要由村庄西入口而来的特点，同时对 41 号、24 号、23 号、13 号处进行道路整治，打通断头路，增强可达性，丰富龙窑游览流线。毗邻龙窑的 23 号监测点数据量相比其他点急剧下降，现实情况是此地为大片空置绿地与一个公共厕所，少有人至。为进一步提升旅游服务能力且解决芳溪村村民没有大型室内公共空间的问题，在 23 号区域新建一个综合游客中心与村民活动的服务中心。

2. 适用于村民的中小型公共空间优化

对于村庄内部而言，游客数据量大幅减少，该区域主要针对村民日常生活进行微空间改造。主要有三部分空间，一是沿河开场空地，将道路流量可视化，发现此地块饭前饭后有居民前往，适宜作为休憩交流空间，主要进行池塘景观梳理、垃圾点改建等。二是宅间围合空间，可增设较为安静的功能空间，并对其进行景观规划改造，如花圃小景等，避免杂乱。三是宅前与道路相接的小广场，该区域人流量多，但使用率较低，可增设少量休闲座椅，并用铺地限定广场空间。

3. 道路空间优化

道路空间的优化分为两部分：村庄入口空间与村内主干道。对于人流量较多的西入口，设置入口标识并修建停车场。而东北、西北两个入口多为村民使用，与农田相临近，因此在此处主要利用原先空地设置一些村口活动交流场地。村内东西干道与前西路经过人流多，需要注重沿街立面的营造，将建筑立面进行强化连续；对于影响交通的建筑物、构筑物等进行拆除，归还道路空间；通过绿化和小广场使空间凹凸有层次。前墅龙窑片区在节假日汇聚的人流量大，对于内部道路铺地已有较好的区分，可对其进行优化，加入座位休闲区域、点式配置的植物与建筑景观小品进行活化。

6.4.5　项目总结

村落微空间改造干扰性与成本都较小，是当前村落更新中值得探索的方法，对时空行为的客观调研有助于提高其针对性。本研究基于 Wi-Fi 探针技术，对宜兴芳溪村进行了环境行为数据收集，并对其进行脱敏、清洗和分析，对村民、游客两类人群在不同地理位置、不同日期属性下的行为特征进行具体讨论与分析，结合相应的实地调研结果提出相应的公共空间改造策略。本研究通过定量分析希望为建筑师后续设计提供客观理性的参考和依据。

6.5　马台街城市设计方案优化

6.5.1　项目背景

马台街地块紧邻南京湖南路商圈，北部为民国街巷空间，南部有青少年宫、商业综合体、西流湾公园等大尺度公共设施，功能业态复杂。已有的城市设计方案拟将走街串巷的行走体验与大尺度活动相结合，一方面在北侧复原旧有的城市肌理，以解决近期无序发展造成的肌理紊乱问题。另一方面在南侧通过下沉广场、水域景观等元素组合成公共活动空间。两者通过游览主轴与核心节点相互串联。为了验证方案的可行性，本研究开发了一套 VR 漫游系统，将改造以后的三维模型导入虚拟环境中，通过采集被试者在虚拟环境中的行为方式来对人的空间分布、路径选择等问题进行量化的分析研究。

6.5.2 基于 VR 的数据采集系统

本 VR 漫游系统基于 Unity3D 引擎开发，并在 HTC Vive 虚拟现实套件上运行。被试者可通过 VR 头盔设备沉浸式地体验改造后的城市公共空间（图 6.5.1）。除了最基本的漫游功能，系统还开发了可通过手柄按键呼出的环境评价面板，被试者可以在任意位置使用该评价面板对周围建筑环境的舒适感、可达性等指标进行主动评价（图 6.5.2）。此外，系统还对被试者的停留时间、视线方向、行进路线进行了记录。这些未被被试者察觉的数据记录可以更好地避免实验者效应带来的数据偏差，也可以用来与主观评价数据进行对照验证。

图 6.5.1 VR 场景　　　　　　　　图 6.5.2 评价界面

项目共邀请了 30 位市民进行了评价测试（图 6.5.3）。对采集到的数据进行叠加与可视化处理，我们可以得到相应的行为图解，例如图 6.5.4（a）为评价点的空间分布，

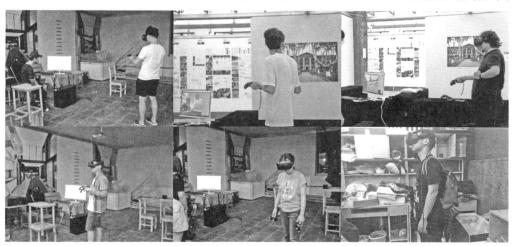

图 6.5.3 被试者参与评价过程

它说明这些区域相对来说是比较容易引起被试者关注的区域，使被试者主动打开评价面板，并做出正面或者负面的评价。图 6.5.4（b）为主要视锥叠合后的分布图，从该图可以看出主要观景位置及主要建筑立面的分布情况。图 6.5.4（c）为人员流线图，通过该图可以对被试者的行进路线及主要交通空间进行分析研究。

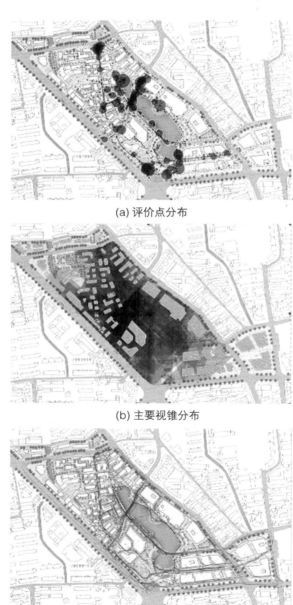

(a) 评价点分布

(b) 主要视锥分布

(c) 人员流线

图 6.5.4 数据叠加与可视化处理

6.5.3　数据分析结论

通过数据分析可知：（1）横跨湖面的景观桥位置成为地块的核心区域；（2）西侧的广场及街巷空间的可达性较差，未能产生设想的街巷感觉；（3）下沉广场及亲水平台对人群有一定的吸引力；（4）中部水域环形路线的影响力远大于设计的主轴；（5）在主要视线范围内，需要考虑景观优化；（6）大台阶未起到吸引人流的作用，需要增加相应的服务功能；（7）商业综合体中庭的人流集聚程度较高，但是末端人流稀疏（图6.5.5）。

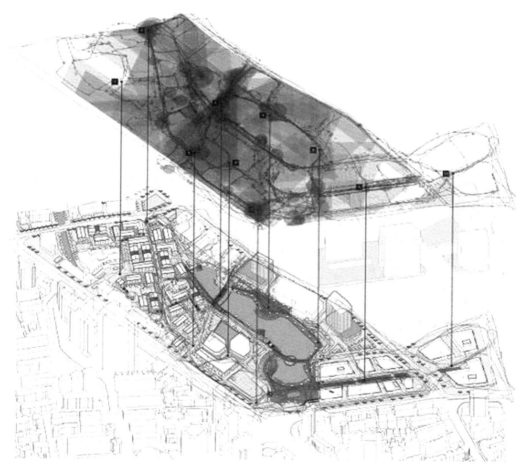

图 6.5.5　主要问题区域

6.5.4 项目总结

VR 技术所提供的沉浸式体验在空间感受上有较好的还原度，可以成为设计方案有效性的验证工具，提供方案修正的数据依据。结合自主编程开发，相较于空间定位技术可以提供更为丰富的行为数据。加之 VR 技术丰富的体验感和交互方式，可以将行为监测、问卷调查等功能进行一体化设计。但是由于大多数 VR 设备只支持人在一个较小的范围内移动，长距离连续的移动依赖手柄控制的在虚拟环境中进行的瞬间跳跃或者平移。这与现实中的移动方式有一定的差距，被试者不会有长距离走动的疲惫感，在一定程度上也会影响其行为模式。因此，数据分析得出的结论还是依赖设计者的主观判别。

6.6 大仓村公共空间优化设计

6.6.1 项目背景

大仓村位于江西省井冈山市龙市镇，地处我国东南部山区。X100 乡道是进出大仓村的唯一道路，两侧分别通向古城镇和龙市镇。龙市镇距离大仓村车程为 15 min，是大仓村的主要人流来源（图 6.6.1）。

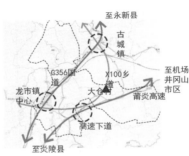

图 6.6.1　大仓村地理区位

大仓村村域内拥有袁毛会见林家祠堂、林家宅院等得天独厚的红色景观和人文景观，区位优势明显，环境优美，气候宜人，交通便利。为省级红色名村，AAAA 级乡村旅游点。大仓村村域面积 3.86 km²，现有深坑组、鼻上组、玉郎组、林场组、长冲组共5 个村民小组、113 户、485 人。其中长冲组位于村域南部，已经基本搬迁至大庙村，鼻上组为林家聚居地，其余村组多为张家居住。

大仓村总用地面积 386.12 hm²，建设用地 16.85 hm²，永久基本农田 39.10 hm²，生态保护红线内面积 0.02 hm²。村内林地占比 83.61%，其次为耕地，占比 10.83%。大仓村是典型的山水田园聚落，竹林与耕地分散在农村宅基地周围，形成相互嵌合的田园风貌，生态本底优越（图6.6.2）。村中主要有三条水系，一条为干流，两条为支流，干流也称中溪，从峡谷东侧流向西南，与南北两溪汇聚后共同流向村口。在这样的山水格局下，村落形成了背山面水的十字形聚落特征。

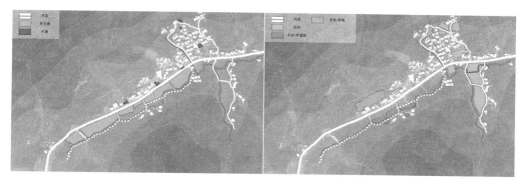

图 6.6.2　主要农林分布

在聚落内部，村民生活集中在东部；中部功能主要为红色纪念、旅游服务与公共服务，生活居住混合。整体功能尚未有明确的分区，中间的过境道路串联起各种不同功能的建筑（图6.6.3）。村内现设有超市、党群服务中心、停车场等一系列基础服务设施，以及餐厅、民宿、农家乐等一系列文化旅游设施，与大仓村的历史文化景点相结合构成一条红色旅游路线（图6.6.4）。

图 6.6.3　主要建筑

村庄公共服务与基础设施主要布局在中部旅游服务集中区域，张家组团公共服务设施较为缺失。

现有服务设施等级不高，且主要面向游客，面向村民的服务设施较少，同时存在使用不便的情况。

村民生活与游客服务的设施平衡未建立。

公厕

停车场

餐厅

村委会

路边停车场

公交站牌

● 行政管理设施
■ 商业服务设施
■ 交通设施
○ 市政设施

便利店

农家乐

图 6.6.4 主要公共设置

X100 道路沿东西方向穿越村庄，起到串联作用。车行路主要沿南北方向沟通各村民小组，形成内部小循环，多为水泥路，宽约 3 m。村民住宅、农田、山林均有步行道路衔接。住宅间有水泥路、石阶，农田、山林间道路多为土路，荷塘周围规划修建有木制栈道，宽度各异（图 6.6.5）。

大仓村已经经历了村镇空间的优化改造设计，围绕红色文旅主题进行了相关景观、建筑节点的规划建设，包括增设村口停车场、风荷廊桥、大仓讲习所以及荷花塘南北侧的景观步道等设施。本研究主要检验改造后的景观节点的实际效用。

6.6.2 数据采集

根据大仓村内的地形分布以及居民、游客各自的行为需求，将村内空间分为基础服务职能空间、文化服务职能空间、日常生产职能空间三类，选取各自具有代表性的点位布置设备，共布置 19 个探测点（图 6.6.6）。

数据收集全程 34 d，由于服务器稳定性欠佳、通信信号缺失等原因，部分数据缺失。视一天中数据记录范围从 0 时至 24 时为记录完整有效，最后数据有效的日期共 21 d，总共收集到数据 423.611 6 万条，清洗后有效数据为 134.079 5 万条（图 6.6.7）。

图 6.6.5　主要道路

图 6.6.6　定位基站布置

6.6.3　数据分析

1. 各探针探测的总数据量与 MAC 地址数

可通过比较每个探测点探测到的 MAC 地址数量和数据总量来分析各点的活跃度。MAC 地址数量代表来到此探测点的人数，数量越大代表越多不同的人来过此探测点；数据总量可以反映人们来此探测点的频率，一定程度上可代表人们在此探测点停留的时长，数量越多代表人们来此地更频繁或是在此地停留时间更长。由此可以初步分析得出大仓村中心道路两侧区域最为活跃，荷塘对岸次之，越向村落内部数据量越少，空间活跃程度越低（图 6.6.8）。

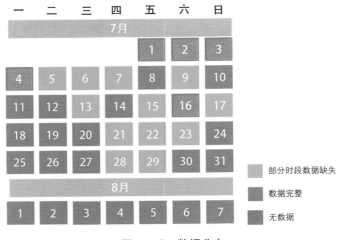

图 6.6.7　数据分布

2. 各时点村落人数变化

各时段全村 MAC 地址数量可以直接反映村落公共空间中人的数量，进而得到村内人数变化折线图。可以看出村内白天人数大约为夜晚人数的两倍，这表明大仓村承载了很大比例的外部人流。在工作日和双休日白天人数相似，在夜晚双休日人数高于工作日人数，这表明游客在工作日和休息日均会前往大仓村，在双休日会选择留宿，但留宿大仓村的游客较少（图 6.6.9）。

3. 居民与游客日均数据量

根据单个 MAC 地址在大仓村出现的时间跨度可以初步将 MAC 分为游客或村民，进而可以分别对村民和游客两类人群的村内公共空间活动特征进行分析。通过对比村民和游客在各探测点的数据量可以发现：居民使用频次较高的探测点有 95、5、33、22、88 号，集中在中心道路两侧，廊桥附近的 96、19 号探测点使用频次较少；游客使用频次较高的探测点有 22、95、5 号，集中在荷塘周围及讲习所附近，村落内部较少（图6.6.10）。

4. 游客与村民行动停留轨迹

通过整理当日探测到同一个 MAC 地址的所有 Wi-Fi 探针能够直接绘制出该 MAC 当日的行动轨迹，将所有 MAC 地址行动轨迹进行叠加能够更加清晰地得出村内目标人群的活动范围。图 6.6.11 为游客在大仓村的行动轨迹，其中轨迹线条越粗或圆点越大代表在此地经过或停留的人越多，因轨迹经过降噪处理，可视化后的定位信息不局限于 Wi-Fi 探针处，所以图中会有一些点游离在主要轨迹之外。为进一步凸显轨迹粗细及大小的差别，颜色越明亮则代表此地经过或停留的人越多。由此可以看出游客人数集中且最多的点出现在主干道的农家乐处。

数字化建筑环境行为采集分析及应用

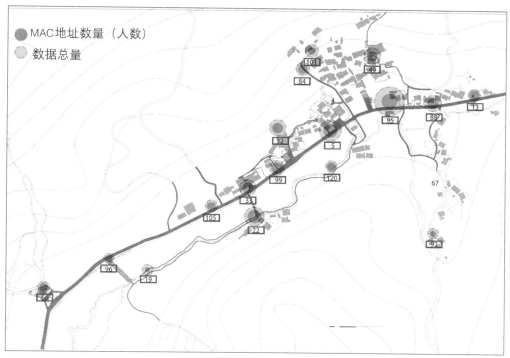

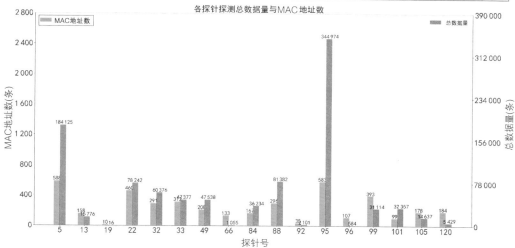

图 6.6.8　**MAC 地址数量和数据总量散点图与柱状图**

　　不同地方人群停留数量差距悬殊，为提高行动轨迹的可读性，绘制出的轨迹图半径和粗细与此地的人数开方后呈正比关系，但该图不能充分体现人群的聚集程度，与数据点的热力图相结合进行解读能够更加全面和深入。图 6.6.12 为游客行动轨迹的热力图，

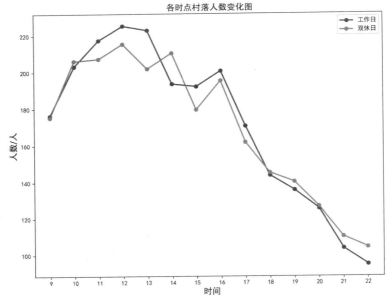

图 6.6.9　各时间段人数变化折线图

可以看出除了在轨迹图中可以看到的农家乐的聚集效应以外，偏西处的荷塘栈道处也是游客聚集较多的点，但因相对分散所以无法直观地在轨迹图中显示出来。

居民的行动轨迹相较于游客来说更为复杂，也更加深入大仓村内部，结合热力图可以看到居民的行动和停留主要分布在主干道农家乐附近和村东边的活动广场附近（图6.6.13、图 6.6.14）。

6.6.4　数据分析结论

由采集到的数据可见，改造设计虽然对村镇整体风貌的改善起到了一定的作用，但是有部分设计意图并没有得到实现。例如，村口的公共停车场、风荷廊桥以及荷花塘南侧的景观步道的使用率相对较低。设计师原本的设计意图是游览者在停车场停车以后，通过廊桥等景观节点步行抵达村中心的讲习所等主题节点。但是经过实际观察发现，多数游览者都是驱车直接到达村中心，越过了前段的游览路径，这导致路径上的相关节点被忽略。其带来的最直接的影响就是游览者在大仓村的停留时间过短，产生的餐饮、购物及住宿的消费较少，削弱了对于当地经济发展的拉动作用。造成这种状况的原因有两个方面：首先，村中间的主干道虽然是游览流线的一部分，但还承载了村镇之间的交通主干道作用，因此无法实施内部管理，将客流截停在停车场入口处。其次，入口处与村中心的距离较远，途中也没有足够的景点作为吸引点吸引游客下车。荷塘南侧虽然设有几个景观节点，但是由于离主干道有一定距离，且没有明显的标识物，很难起到吸引作用。因此，如果进行进一步的改进，首先需要对参观流线和区域内的管理组织进行优化设计。

数字化建筑环境行为采集分析及应用

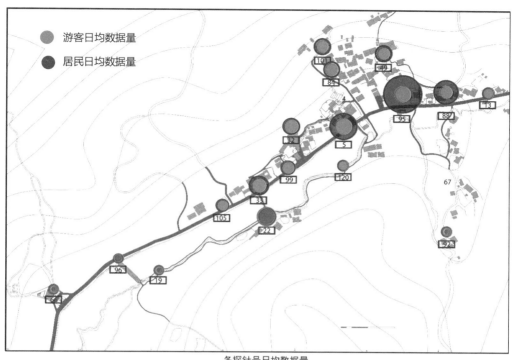

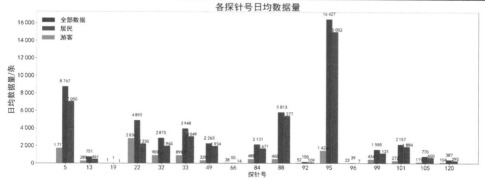

各探针号日均数据量

图 6.6.10　游客居民日均数据量散点图与柱状图

6.6.5　项目总结

在本研究中，数字化的人流数据采集技术被应用于设计实施后的后验证环节。虽然在调研初期就在与当地干部的交流中获知"留不住客"的问题，但通过数据的采集分析，发现根本的问题不仅是景点和活动项目不足，还在于整体的流线组织由于管理和与其他交通功能重叠的问题没有得到很好的实施，这样在后续的改造方案中能够更有针对性地加以优化设计。

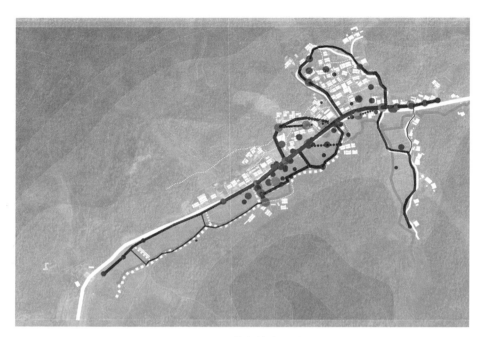

图 6.6.11　游客的主要路径

图 6.6.12　游客分布的热力图

数字化建筑环境行为采集分析及应用

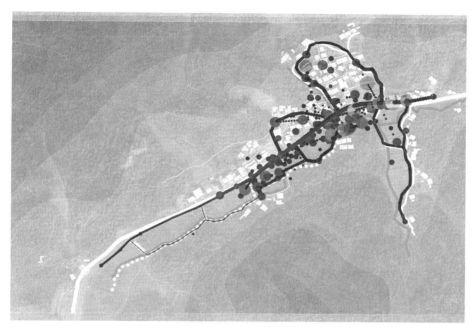

图 6.6.13　居民的主要路径

图 6.6.14　居民分布的热力图

参考文献

[1] 李斌. 环境行为学的环境行为理论及其拓展[J]. 建筑学报,2008(2):30-33.

[2] 夏正伟,徐磊青,万朋朋. 高层商业综合体中人流、空间与功能研究:以 3 个轨道交通商业综合体为例[J]. 建筑学报,2015(5):103-108.

[3] 刘佳静,骆汉宾,陈宁宁,等. BIM 环境下集成用户行为的建筑能耗预测[J]. 土木工程与管理学报,2019,36(4):148-153.

[4] 王洪羿,张玲,周博. 基于环境行为实证调查下的老年人静态空间定位特征分析:以机构型养老建筑为例[J]. 建筑技艺,2020(8):115-117.

[5] 清华大学建筑节能研究中心. 中国建筑节能年度发展研究报告(2015)[M]. 北京:中国建筑工业出版社,2015.

[6] MASOSO O T, GROBLER L J. The dark side of occupants' behaviour on building energy use [J]. Energy and Buildings, 2010, 42(2): 173-177.

[7] 王闯. 有关建筑用能的人行为模拟研究[D]. 北京:清华大学,2014.

[8] 李哲. 中国住宅中人的用能行为与能耗关系的调查与研究[D]. 北京:清华大学,2012.

[9] 李楠. 夏热冬冷地区人员行为对住宅建筑能耗的影响研究[D]. 重庆:重庆大学,2011.

[10] D'OCA S, HONG T. Occupancy schedules learning process through a data mining framework [J]. Energy and Buildings, 2015, 88: 395-408.

[11] WEI S, JONES R, WILDE P D. Driving factors for occupant-controlled space heating in residential buildings[J]. Energy and Buildings, 2014, 70: 36-44.

[12] O'BRIEN W, KAPSIS K, ATHIENITIS A K. Manually-operated window shade patterns in office buildings: A critical review [J]. Building and Environment, 2013, 60(2): 319-338.

[13] HAQ M A U, HASSAN M Y, ABDULLAH H, et al. A review on lighting control technologies in commercial buildings, their performance and affecting factors [J]. Renewable and Sustainable Energy Reviews, 2014, 33(2): 268-279.

[14] YU Z, FUNG B, HAGHIGHAT F, et al. A systematic procedure to study the influence of occupant behavior on building energy consumption [J]. Energy & Buildings, 2011, 43(6): 1409-1417.

[15] YANG R, WANG L. Development of multi-agent system for building energy and comfort management based on occupant behaviors [J]. Energy and Buildings, 2013, 56: 1-7.

[16] HONG T Z, D'OCA S, TURNER W J N, et al. An ontology to represent energy-related occupant behavior in buildings: part I: introduction to the DNAs framework [J]. Building and

Environment, 2015, 92：764-777.

［17］HONG T Z, D'OCA S, TAYLOR-LANGE S C, et al. An ontology to represent energy-related occupant behavior in buildings：part II：implementation of the DNAS framework using an XML schema［J］. Building and Environment, 2015, 94：196-205.

［18］ZAIDAN A A, ZAIDAN B B. A review on intelligent process for smart home applications based on IoT：coherent taxonomy, motivation, open challenges, and recommendations［J］. Artificial Intelligence Review, 2020, 53(1)：141-165,

［19］LIN B Q, MUHAMMAD, et al. IBM's cognitive journey to M4.0［J］. Journal of Cleaner Production, 2019(2)：51-62

［20］MEKURIA D N, SERNANI P, FALCIONELLI N, et al. Smart home reasoning systems：a systematic literature review［J］. Journal of Ambient Intelligence and Humanized Computing, 2021, 12(4)：4485-4502.

［21］LIOUANE Z, LEMLOUMA T, ROOSE P, et al. A genetic neural network approach for unusual behavior prediction in smart home［C］//MADUREIRA A, ABRAHAM A, GAMBOA D, et al. International conference on intelligent systems design and applications. Cham：Springer, 2017.

［22］NATANI A, SHARMA A, PERUMAL T. Sequential neural networks for multi-resident activity recognition in ambient sensing smart homes［J］. Applied Intelligence, 2021, 51(8)：6014-6028.

［23］LESANI F S, GHAZVINI F F, AMIRKHANI H. Smart home resident identification based on behavioral patterns using ambient sensors［J］. Personal and Ubiquitous Computing, 2021, 25(1)：151-162.

［24］TELLO A L, BOTÓN-FERNÁNDEZ V. Analysis of sequential events for the recognition of human behavior patterns in home automation systems［M］//Advances in intelligent and soft computing. Berlin：Springer, 2012.

［25］LU X H, MO C S, WANG X Q, et al. Mining and analyzing behavior patterns of smart home users based on cloud computing［M］//ZHANG Y D, WANG S H, LIU S. Multi media technology and enhanced learning：second EAI international conference, ICMTEL 2020. Leicester：Springer, 2020.

［26］里奇,王韬,张春伟. 互动建筑简史[J]. 住区,2013(6):10-15.

［27］于雷,黄蔚欣. 互动设计工作营:建筑教育中的交叉学科实践[J]. 住区,2013(6):88-93.

［28］虞刚,李力. 建筑作为互动:以东南大学四年级建筑设计课程为例[J]. 世界建筑,2018(7):111-115.

［29］袁烽,张媚. 基于行为性能的互动建筑表皮设计研究[C]//DADA2013数字建筑国际学术会议论文集. 北京,2013:317-326.

［30］孙彤,GLYNN R,罗萍嘉. 面向互动的建筑行为学[J]. 工业建筑,2017,47(2):180-183.

［31］宋刚,戴森,苏曼. 互动建筑装置:建筑视野下的互动实践[J]. 住区,2013(6):16-20.

［32］ VELASCO R，BRAKKE A P，CHAVARRO D. Dynamic façades and computation：towards an inclusive categorization of high performance kinetic façade systems ［M］//Communication in Computer and Information Science. Berlin：Springer，2015.

［33］韩雪莹. 互动式博览建筑设计研究[D]. 哈尔滨:哈尔滨工业大学,2019.

［34］张运楚,韩怀宝,曹建荣,等. 建筑能耗管理与室内空间感知研究进展[J]. 山东建筑大学学报,2016,31(6):614-621.

［35］ IDOUDI M，ELKHORCHANI H，GRAYAA K. Performance evaluation of wireless sensor networks based on ZigBee technology in smart home［C］. 2013 IEEE International Conference on Electrical Engineering and Software Applications. Hammamet，2013.

［36］李明海,薛栋泽,王天豪. 基于数据融合技术的室内环境品质评价[J]. 西安建筑科技大学学报(自然科学版),2017,49(4):611-616.

［37］黄蔚欣. 基于室内定位系统(IPS)大数据的环境行为分析初探:以万科松花湖度假区为例[J]. 世界建筑,2016,(4):126-128.

［38］ SILVA B，PANG Z，ÅKERBERG J，et al. Experimental study of UWB-based high precision localization for industrial applications［C］. 2014 IEEE International Conference on Ultra-WideBand（ICUWB）. Paris，2014.

［39］ KAGAWA T，LI H-B，MIURA R. Evaluation of IR-UWB positioning system in shopping mall［C］. 2015 International Conference on Indoor Positioning and Indoor Navigation（IPIN2015）. Banff，Canada，2015.

［40］ ZETIK R，GUOWEI S，THOMÄ R S. Evaluation of requirements for UWB localization systems in home-entertainment applications［C］. 2010 International Conference on Indoor Positioning and Indoor Navigation. Zurich，2010.

［41］ LI Y W，SHI G T，ZHOU X B，et al. Reducing the site survey using fingerprint refinement for cost-efficient indoor location［J］. Wireless Networks，2019，25(3)：1201-1213.

［42］ NERGUIZIAN C，DESPINS C，AFFÈS S. Indoor geolocation with received signal strength fingerprinting technique and neural networks［M］//DE SOUZA J N，DINI P，LORENZ P. International Conference on Telecommunications. Berlin：Springer，2004.

［43］叶宇,周锡辉,王桢栋. 高层建筑低区公共空间社会效用的定量测度与导控以虚拟现实与生理传感技术为实现途径[J]. 时代建筑,2019(6):152-159.

［44］ LI L，LI X，LU Z H，et al. Sequential behavior pattern discovery with frequent episode mining and wireless sensor network［J］. IEEE Communications Magazine，2017，55(6)：205-211.

［45］ DONG J，LI L，HUANG J Z，et al. Isovist based analysis of supermarket layout：verification of visibility graph analysis and multi-agent simulation ［C］. 11th International Space Syntax Symposium. Lisbon，2017.

致谢

　　书籍内容与撰写离不开东南大学建筑学院建筑运算与应用研究所师生们的共同努力。在此，特别感谢黄瑞克、宣姝颖、李景韵、李帅、郑丹妮等研究生同学，在数据采集分析、项目设计、内容整理中所做的大量工作。同时也要感谢基金课题组李向锋老师、唐芃老师、彭昌海老师、华好老师、冯世虎老师及其团队在项目组织筹划及研究路径上提供的指导与配合。还要感谢2018-2021各届毕业设计课程中的贾冕、李泳笛、王琳晰、戴思怡、魏云琪、王奕阳、邵舒怡、张增鑫、敖颖雪、万洪羽、王思语、杜佳纯等同学所提供的丰富应用案例。